WHISKY AND SIXPENCE

THREE JAPANESE DISTILLERY STORY

秩父蒸溜所
信州マルス蒸留所
ホワイトオーク蒸留所（江井ヶ嶋酒造）

SHOUICHI AMANO

まえがき

どのようなことにも始まりとなるきっかけのようなものがある。例えば、13歳の誕生日に父親からトランペットを贈られたのがきっかけで名ジャズプレーヤーになったという人もいれば、挫折ばかりの人生から突然26歳くらいで画家になるきっかけを得てその後、後世まで心打つ作品を作り上げた人もいる。人はそれぞれ何かしらの出会いにより、あっという間に何かが始まってしまうというものだ。あの時、あんなに美味い五島うどんに出会わなければ讃岐うどんにも興味は湧かなかっただろうし、スタン・ゲッツのボサノヴァ・ジャズをファッション感覚で聞いて、今や時間があれば生演奏まで聞きに行くくらいに関心を持つようになった自分がいるのも、何かのきっかけがあればこそだと思う。ウイスキーに対してもそうであるように。あの時に、あの心持ちで、あの感性でたまたま勧められた一杯のシングルモルトウイスキーをストレートで飲んでから今日まで僕はあの魅惑的な琥珀色の液体に夢中になってしまった。

今回、この日本の小さな蒸溜所のささやかな紹介をしようという話を思い立ったのは、ある一軒の酒販店からウイスキーを購入し始めた時から始まっていたのかもしれないなと、今はそう思ってしまう。そう、今から10年以上前の話である。それは本当に日本のウイスキーが今ほど注目を浴びていなかった時のことだった。その酒販店はこれと言って特別な店ではなく、別に誰かから教えてもらった訳でもなかった。ただインターネットでちょっと変わったウイスキーはないかと検索して偶然にも見つけたのであった。それは、埼玉県羽生市でつくられた通称〝イチローズモルト〟と呼ばれる地ウイスキーとの初めての出会いの瞬間でもあった。当時は周囲にいる知人に聞いても誰もその存在を知らなかったものだった。僕は、好奇心に任せて試しに何本か購入してみて飲んでみることにしてみた。だが、この出会いのインパクトが凄すぎたのだ。

まるでターナーの描く日没の様に、鮮明なグラデーションが目の前に浮かぶような、ハッキリとした輪郭のあるウイスキーだったからだ。しかし、せっかくの出会いで浮かれていたところで、人生とは吉凶が背中合わせにあるものと改めて知ることとなる。なんと、このウイスキーをつくっていた蒸溜所はすでに閉鎖していたのだ（あの時、戦艦テメレール号の絵をイメージしてしまったのは単なる偶然だったのだが）。人は無くなりゆくモノに対して何故か悲しみが心に湧いてくるものだなと思ったのだが、僕のその悲しみに一人賛同してくれる人がいた。その奇特な方は、購入させてもらっていた酒販店の店主だったのだが、実はその人にも失われていくウィスキーに対してそれなりのささやかな出会いの感動するエピソードがあったのだ。

僕はきっかけを得て、〝地ウイスキー〟との付き合いが始まるのかと思ったのだが、意外にも時代の波という理由であっけなく幕が引かれたかにみえた。だが、ウイスキーづくりを続ける想いはずっと熟成をしていたらしく、イチローズモルトは改めて秩父蒸溜所から出発するということになった。しかもその後、つくり手の肥土さんに当店に来ていただけるという、素敵な出会いもあって色々と話をさせていただくうちに僕は、「このウイスキーを色んな人に伝えたい」という考えが抑えきれなくなっていったのだった。

そんなわけで、僕はこの島国にある小さな蒸溜所を数か所、紹介することとなった。ちなみに、秩父蒸溜所以外の記載させていただいた蒸溜所も10年以上前に、それなりの出会いをしている。これらのウイスキーも僕にとって静かで優しく、時として激しい慟哭を感じる想い出深いものである。どれをとっても自分の生活に染み込んでいるもので、当時味わったウイスキーのボトルの封を開けるとまさしくセピア調の風景がニューシネマ・パラダイスの様にゆっくりと感じられるものだ。ウイスキーというものは、一日一日をその木樽に取り込んで蓄えていくものだが、その原酒を味わってみるとごく稀に過去と会話することができることがある。また、一緒に飲んでいる人と言葉を交えなくても通じ合えることが奇跡的にできる時もある（勝手にそう思っていることが多いかもしれないが）。そんなウイスキーをつくっている人々の素晴らしさを少しでもあなたに伝えることができたら、僕はこのささやかな本を出すことにきっと意味が生まれることだろうと思う。

これからさらに海外での評価が高まっていく日本のウイスキーは、微熱にあてられた流行り病の様に、人々はどれだけ求めていくのだろうか。その前に、ちょっとだけそのウイスキーが生まれたその土地を、つくり手を思い出してみていただけると幸いである。

WHISKY AND SIXPENCE

あの日見たドングリを探しに

（秩父蒸溜所）

極端な言い方をするなら、秩父という所はウイスキーづくりに理想的な環境がある、そんな土地だろう――。

秩父市は日本の埼玉県の中でも、最も大きな市町村である。この地を簡単に表すなら〝ひどくのどかな景観のある田舎町だ〟と言えるだろう。だが観光客数はけっして少なくない。その理由の一つに神社仏閣が数多くあり、年間400以上もの祭礼がこの地で開催されている、ということがある。特に秩父夜祭は日本三大曳山祭の一つとしても数えられ、例年かなりの見物客で賑わうほどである。また、他のお祭りも人気があるようだ。ただ、一年の日数よりもお祭りの回数の方が多いので、どのように感謝や祈りのスケジュールを立てて祭事が行われているのか興味深いところだ。地元のタクシー運転手でさえ、〝あちらこちらで花火の音がするので、どこかで祭りが行われているのだろうと思われるが、数が多すぎて何の祭りか全く把握できない〟と言っていたのが印象的だった。また、周囲は秩父山地に囲まれた盆地状になっており、お蔭で寒暖差の激しい内陸型気候となっている。気温の変化だけを気にすると、もしかしたらこの土地の気候は、住むにはあまり魅力的ではないかもしれない。例えば冬の寒い時なんかはマイナス10度近くになるのですごく冷え込むのだ（だが冬場は湿度が低いせいか、不思議と雪はあまり降らないらしい）。

日本三大曳山祭
あとの二つは京都の祇園祭、飛騨の高山祭。三大美祭とも呼ばれ誉れ高い。

そうかと思うと夏はその盆地のせいで熱が逃げにくく湿度も高いので、大変暑くなりやすい。時には気がふれたように気温が上がり、38度を超える日もあるという。ただ、夜は熱帯夜にはなりにくいらしく、過ごしやすいと地元の人からは聞いたが。最近の日本は猛暑になりやすい傾向なのであまり驚く数字ではないかもしれないが、とにかくこの気温の落差には驚きだ。また、この秩父山地の恩恵で得た清らかで豊かな水が盆地に流れて大きな川を形成しているのも特徴だ。煉瓦造りの三連アーチ橋にて貴重な近代化遺産の遺構でもある旧秩父橋が跨ぐ荒川が代表的な存在で、秩父山地の水を集めて流れる一級河川である。時には力強く、ある時には優しい水音を聞かせ、透明で清い生命の水が惜しげもなくただ無情に流れていく様は清美そのものだ。その美しいレンガのアーチ橋の横に架かる逆Y字型の塔が印象的な斜張橋も興味深いものがある。互いの時代背景がよく出ている二つの橋とその雄大な川の景色は、ちょっとした洒落た絵葉書のようである。また少しばかり車で走ると自然公園や渓谷も多く存在し、特に荒川の上流部である長瀞渓谷は見どころ満点だ。独特の石畳と清流の共演には、風と水が時間と共に流れていくのを無理なく感じることができそうだ。他にも秩父市内からちょっと車で走るだけで雄大な大自然が広がっている。本当にすぐの所にある。そして不思議なことだが、ここにいると自分でも

旧秩父橋

県指定有形文化財とされており、現在は橋上公園・遊歩道があり、観光地や憩いの場として活用されている。隣には初代秩父橋の橋脚が2基、そのまま残されているのもいい。

知らず知らずの間に気持ちが和らぎ、時間の使い方までもがゆっくりとしてくるような気がしてくる。まるで何か忘れたものを思い出していくように。果たしてこの山と川に囲まれた土地は何を思い出させてくれているのだろうか、自分でも分からないが。

そして、これから会う肥土伊知郎《あくといちろう》さんからはその何かをすごく感じることが多い気がした。

秩父蒸溜所は2008年2月に稼働を始めたばかりだ。稼働開始から暫くして直ぐに、実にカルト的な人気ぶりで、最近では海外からも注目されているウイスキーをつくっている所だ。今や、ウイスキーマニアの間では聖地巡礼の対象にもなっている。もちろん僕も、ここを訪れる時は気持ちが高まって仕方がないくらいだ。

ここの設立者であり最高のウイスキー生産者でもある肥土伊知郎さんは、東京農業大学に入学し醸造学を専攻していた。大学卒業後はサントリーに入社。当初、本人は山崎蒸溜所での技術職の勤務を希望していた。その希望とはそぐわずに東京と横浜での輸入酒のブランドマネージャーの仕事を与えられることとなる。だが、肥土さんは持ち前の前向きな姿勢と真面目な性格のお蔭か、〝現場を知らないでブランドを語るのはどうか〟と考え、まずは地道な営業職を希望した。ちなみに当時は、ウイスキーが全くと言っていいほどに売れておらず、生産もあまりされていない、いわゆるウイスキー不況と呼ばれた時だった。肥土さんもその当時、蒸溜所内を掃除していたころ、技術者の人に〝ウイスキーをつくらなくてもいいんですか？〟と尋ね、〝お前たち営業が売らないからだろう！〟と怒られたことがあったと言っていた。

その後、父親が経営する会社に入社することとなるが、その時会社は経営難であった。羽生蒸溜所がまだ稼働していた時代だったが、経営危機により２０００年を最後に蒸溜は停止。その後、２００４年には閉鎖・撤去され、会社自体も他社への売却を余儀なくされてしまうこととなった。そして売却先の企業は、経営的な観点よりウイスキー事業からの撤退を決定し、さらにひどく残念なことに羽生蒸溜所でつくられた原酒は期限付きで処分されることが決定となってしまった。つまり、期限までに引き取り先を見つけなければ羽生の原酒は、〝廃棄〟されてしまうという絶望的な状況に立たされてしまったのである。当時の肥土さんには、資本力も熟成庫も無かった。とても無力だった時だ。自身が、その原酒の価値を見出していたことや、そのストックの中には20年熟成近くの原酒もあり、それは我が子の様に愛着があったことなどを考えると、とても辛い選択を迫られたのであろう。今の状況を考

羽生蒸溜所
埼玉県羽生市の東亜酒造が所有していた蒸溜所。

えると羽生の原酒を捨てるとは、なんて馬鹿げた行為だと思われるかもしれないが、当時は仕方のない決断だったと考えられる。そもそも、時間がかかる上に利益になるか分からない資本に企業が経費を支払うなど、経営論から外れているだろうから。またこんなにも世界中のウイスキー愛好家から愛されるものになるとは想像もできなかっただろう。どんなウイスキーだろうと存在する理由があり、飲まれるべき瞬間があると思う。だが時にはどうしようもない事情で皆の知らない所で消えていくこともあるというのが現実だ。だが、そんな中でも肥土さんは諦めなかった。

この時の話を聞いて肥土さんのその覚悟と努力を思うと、僕は胸が苦しくなってくる。この羽生の原酒を引き取ってくれる企業を探す日々を肥土さんは当てもなく続けたという。しかし、他の熟成庫を持つウイスキー生産企業もその原酒を引き取る余裕はなく、断られ続けた。それこそ、先の見えない毎日だったがひたすら歩き回ったそうだ。だが、人間は負けないようにできているのかもしれないと、気付かされる時がやっと訪れる。

やっと出会った企業は、福島県郡山市に明治2年から続く老舗、笹の川酒造だった。メインは日本酒の製造だが、ここも昭和21年よりウイスキーづくりに着手している。同じ総合酒類製造の苦労を知ってか、肥土さんの話を聞き、笹の川の社長は

「それは業界の損失だ」と嘆き、羽生の原酒を快く預かってくれたのだという。そして、肥土さんはこの羽生という価値ある財産の廃棄を免れて、改めて笹の川酒造の援助の下、残された原酒を世に出せるようになったのである。

この限られたストックの中での、あの大人気の〝カードシリーズ〟の販売には、肥土さんの努力は勿論、笹の川酒造の協力なくして成しえなかったことだったのだろう。

家業の倒産後、肥土さんは個人で２００４年にベンチャーウイスキー社を設立。この会社から羽生のウイスキーが販売されることとなる。そして羽生蒸溜所の閉鎖後、驚くべきことにカードシリーズ〝キング・オブ・ダイヤモンズ〟(KING OF DIAMONDS) がイギリスのウイスキーマガジンのジャパニーズモルト特集で最高得点のゴールドアワードに選ばれたのだ。さらに続けてワールド・ウイスキー・アワード (WWA) でもイチローズモルトは高い評価を得ることとなる。少しずつ評価が上がる中、満を持して２００８年に自身の秩父蒸溜所を建設、苦労の甲斐もあって、ここ秩父の地でウイスキーに、肥土さんは自身の想いを木樽に詰め込めることができるようになった。

カードシリーズ“スペード”

どのウイスキーにも生き方や哲学があり、つくり手の気持ちや味わいが自然と出てくる。しかも時間を懸けてじわりと出てくるところなんかウイスキーの醍醐味の一つであろう。自身の蒸溜所建設はまさしくその想いが形となっていく第一歩であった。肥土さんに〝秩父という所はウイスキーづくりには合っていますか？〟と今更ながらのことを野暮ったい風に聞いてしまった。すると笑みを浮かべながら、「気候もいいし、水もいい。いい土地ですよ」と静かにハッキリと、とても力強く答えてくれた。

この蒸溜所には僕は2度目の訪問だった。以前訪問した時は、肥土さんは不在で、スタッフの渡部さんが蒸溜所内を色々と案内してくれたことは今でも楽しい思い出だ。その時はまだ熟成庫は一つしかなかったが、ある程度樽で埋まっていたことを今でも鮮明に覚えている。しかし今回の訪問ではもう第3熟成庫まで完成していると聞いた。まるで気心の知れた親族の愛らしい子どもの成長を見るような気分なのだろうか、どこまで増設されるのか楽しみで仕方がない気持ちだ。

今回、僕は蒸溜所を見学する前に、昼時ということもあって美味しいと評判の蕎麦屋に寄ることにした。ちなみに秩父では蕎麦は名物で、けっこうな数の蕎麦屋が存在する。しかもどこも大変美味いから困ってしまう。その他にもほうとうに似たおっきりこみ、わらじかつにしゃくし菜漬けなどが名物である。その土地に赴くと何故か名産・名物に興味が湧く。

僕が行った蕎麦屋は清楚な佇まいで、昼時ということもあってか店内は結構な賑わいだった。その日の気候も良いせいか、時折通る風がとても心地よかった。そして待ち焦がれた天ぷらざるそば定食はなかなかに美味で、さらにもう一枚蕎麦をお代わりしてしまったくらいだ（ちなみに天婦羅もありきたりの野菜だったにもかかわらず驚くほどに美味しかった）。その蕎麦の風味が、食べた時に鼻腔を擽る感覚は忘れがたい思い出になりそうだ。その後、お腹も心も満たして肥土さんに会う。

多忙なのか、以前会った時よりスリムになったように思える。聞けば最近、健康の為によく走っているのだと言う。

「そんなに走れるんですか?」と聞くと、

「この間なんかフルマラソンにも参加しましたよ」と、こんな何気ない質問にも元気に答えてくれた。実に、低い声だがハッキリとした口調だ。そして、先ほど頂いた秩父での蕎麦が大変美味しかったと伝えると、

「秩父は盆地という特性から気候が、夏は風が通りにくく蒸し暑くなり、冬は底

しゃくし菜漬け
正式名称は雪白体菜《せっぱくたいさい》という野菜で、漬物にするとシャキシャキとして美味しい。秩父市の土産品としては有名。

冷えする寒さがあるので寒暖差が激しい。山に囲まれた土地柄だから伏流水も沢山あるし、夜間は気温が随分と下がることがある。そのお蔭で霧の発生も多いし、植物の生育に恵まれた環境にもある。だから質の良い蕎麦もよく育ちます。またその環境の良さを生かして秩父産の大麦の栽培にも挑戦しています。一昨年前に作った麦は良質だったので、定期的に生産量も増やしていければと思っています」と話してくれた。確かにこんな美味い蕎麦を食べた後だと強い説得力を感じるものだ。

僕は、何もかも国産にこだわるのはどうかと思うこともある。それは他の国にもそれなりに素晴らしいものがあるからだ。つまりはちゃんと吟味したのちにそれを選んだのなら、それは自己の中での正しいことなのだ。肥土さんはこの土地の良い所も悪い所も熟知している。そして、どんな工程も自身で感じて見てみないと気が済まない真面目さがある。言うなれば、頑固な職人だ。

「ここは江戸時代から酒造りが行なわれており、水も酒造りに合っている」と肥土さんは言う（硬度としては50くらいとのこと。ちょうどサントリーの二つの蒸溜所の間くらいの硬度の水）。

材料の大麦も農家の方に掛け合って蕎麦を栽培しない時期に作らせてもらうようにしている（蕎麦は6月から10月頃で収穫し、その後に冬頃から麦を植えて5月頃に収穫するらしい)。しかも自分の求める味わいの大麦を求めて。それは地元の農家へのちょっとした手助けにもなり、とても良い繋がりを作るきっかけにもなっている。そして秩父で育った大麦を材料にしたウイスキーをもっと増やしていけたらとの思いを込めて。

「秩父らしいウイスキーを、この自然環境を感じられるものをつくりたい」と、はっきりとした口調で静かに言った。まだ、ウイスキーをつくる年月としてはまだまだ若い。できれば10年モノの原酒ができるまでには、誰が飲んでも〝これは秩父のウイスキーだ〟と言ってもらえる原酒を仕込みたいと。

木樽にもこだわる。日本のオーク材、特にミズナラ材は今や海外からも注目されている希少な木材だ。もともと、ミズナラは捻れやすい。また高級家具にも使用されるという事もあり、原木は高値で取引をよくされるらしい。

以前は秩父にもドングリの木であるコナラは多く自生していた。だが、経済的価値観が見出せなくなり、さらには当時の国策で広葉樹が切り倒され、代わりに経済価値の高い杉の木などの針葉樹が多く植林されることとなってしまった。結果として森に住む動物の餌であるドングリが無くなり、自然界のバランスが取れなくなったばかりではなく、アレルギーの原因である花粉が大量に飛び回るようになり、人

ミズナラ材
ブナ科コナラ属の広葉樹にあたり別名オオナラとも呼ばれる。

間もバランスを取りづらい環境になってしまった。

「動物が山から降りてきて人里に現われるのは、（人間の行為と自然界のバランス）全てが無関係ではないかもしれません。不思議なことに森というのはバランスを保とうとします。例えば、今年にはドングリが沢山取れて餌が豊富になり、動物が増えると木々は何かを感じてか、翌年にはドングリがぐっと少なくなって自然の間引きをすることがあります」

ドングリの木をもっと植林してくれたらなぁ、と肥土さんは独り言のように呟いた。まるでヘレン・メリルの長いため息のように。

仮にナラの木がもっと有効活用できるようになったら、植林事業としても意欲的にナラの木を植林する確率は高くなるかもしれない。ただ、林業自体の現状が結構厳しい上に担ってくれる人材もけっして多くはないので簡単にはいかないだろう。だが、未来には期待はしたいものだ。そのドングリの木の復興は、もしかしたら将来の秩父特産のオーク樽ができる可能性にも繋がるし、他のドングリ好きの動物にも行き渡る素晴らしいギフトに思える。また肥土さんは、「10年モノのウイスキーには、森から頂いた１００年の樹木の恵みが樽から染み込んでいます。だから、記載されている以上の年月がその原酒には詰まっているのです」と言った。「本当に

ヘレン・メリル
その歌声は〝ニューヨークのため息〟と評され絶賛された女性ジャズシンガー。

色んな想いが詰まっています」と。

秩父蒸溜所の作業場は、非常にコンパクトで合理的に設計されている。仕込み・発酵・蒸溜が一人でも見渡せるように設備が一つの場所に配置されており、その建物の横には第一熟成庫がある。少し離れた所に第二、第三熟成庫もあり、さらに製樽工場まで新設されていた。少しずつ増設されていることは、一愛好家としても嬉しいものだ。

「2008年に蒸溜を開始した時、高揚感よりこれからの困難さを考えたら気持ちが落ち着かなかった」と肥土さんは当時を振り返りながら話してくれた。確かに、ウイスキー事業は最初の数年が大変厳しい。何故なら設備投資に費用が掛かるし、何より時間を懸けて〝待つ〟仕事だから最初の売り上げがなかなか上がらない。それでも自分の求めるウイスキーには妥協はしない。

例えばここの発酵槽（ウォッシュバック）だが、敢えて木製発酵槽を採用している。木でできた発酵槽は、発酵温度帯を保つ優れた保温性があり、乳酸菌の繁殖をよく助ける。また木材の隙間に乳酸菌が住み込み、使い込むほどにもろみに独特の風味を与えるので原酒のオリジナリティーを作り出すことも特徴の一つだ。難点は

ミズナラ材の蒸溜所の発酵槽

清掃の難さと菌の管理に手間がかかるというところがある。逆に、ステンレスやホーロー製のタンクを選択すれば微生物の管理が容易と言われており、また清掃がしやすく、メンテナンスがしやすいという利点がある。だが、クリーンですっきりとした味わいを作り出す代わりに独特のコクやアクセントが作りにくい。だから、管理に手間が掛かっても乳酸菌が住み着きやすく独特の香味が付く木製を選択した。しかも世界中でも珍しい、ミズナラ材をあえて材に選ぶところがいい。これは前例が無いだけあって大した冒険心だと思う。だが、どちらの材を選択してもそれに由来するパーソナリティーがちゃんとある。それは、なんとなく肥土さんらしい温もりを感じるこだわりだ。

実際に匂うアロマも特徴があるように思える。その時、8つ並んでいる自分の背丈より高い発酵槽の一つに梯子で登り、蓋を少しずらして僕は静かに内側を見させてもらった。細かい泡や大きな気泡が茶色い液体の上でスローなダンスをしているようだった。そして、アロマがまるで南国フルーツの様に、甘い余韻をふんだんに漂わせていることに驚いた。まるで熟したパイナップルやバナナのようなエキゾチックで魅力的な香りが一瞬、この周囲を支配する。とても臨場感のあるライヴだ。本当に、どんなミクロフローラがこれからも住み着くのだろうか、もう期待せずにはいられない。

ミクロフローラ

乳酸菌群などを意味する。さまざまな種類のウイスキー酵母の使い分けに加え、その蒸溜所によるミクロフローラの違いが、キャラクター性のあるウイスキーを生み出すことに繋がる。

いられない衝撃的なアロマだった。
またポットスチルも本場のスコットランド・フォーサイス社に特注で作ってもらったという大したこだわりようだ。ちょっとコンパクトだが、その方が複雑な味わいが表現しやすい。ちなみにこの秩父では、小型のストレートヘッドで、冷却はシェル&チューブ式を採用している。

ポットスチルもちょうど初溜釜が熱く稼働していたので、サイトグラスから覗いてみた。泡がとても勢いよく上昇している様は、液体なのにまるで生き物のように躍動感に満ちている。あの発酵槽でポコポコとしていたもろみ（ウォッシュ）が、この銅製の釜の中で洗練されていく過程は一つのクライマックスであってスチルマンの腕の見せ所だ。通常、2回蒸溜するのがシングルモルトでは多い（たまに3回蒸溜を行うところもある）1回目の蒸溜に使用するものを初溜釜（ウォッシュ・スチル）といい、アルコール分が大体約20%前後のローワイン（初溜液）として精製されて出てくる。ローワインはアルコール度数がまだまだ低くて、雑味成分も多いのでもう一度蒸溜することとなる。次の工程を再溜といい、この時使用するポットスチルを再溜釜（スピリッツ・スチル）と呼んでいる。どちらも蒸溜を目的とする

スコットランド・フォーサイス社
スペイサイドに工場を構えており、銅製スチル製造の名手として名高い。

ストレートヘッド
ポットスチルの型を指す。他にもランタンヘッド、バルジなど様々な型がある。

ポットスチル

ものだが、求める課題が違うのでスタイルも大きさも異なってくる。

再溜で出てくるスピリッツも大体3段階に分けて取り出す。始めの部分をヘッドもしくはフォアショッツ（前溜）、真ん中の部分をハートもしくはミドルカット（中溜）、後の部分をテールもしくはフェインツ（後溜）と呼んでいる。特にハートの部分をニューポットと呼び、これがモルト原酒として使用されることとなる。ヘッドとテールには天然の油脂分と不純物がけっこう含まれているので、これが後々の味わいを損ねることに繋がりやすい。そこでスチルマンは、スピリット・セーフ（検度器のことで、ここでヘッドとハート、テールを見極めている。かなり熟練の技が必要で、スチルマンの技術が問われる）でニューポットの部分を取り出す作業をしている。しかもここは驚くことにこれを手作業で行う。最近は機械作業の蒸溜所もあるが、ここの蒸溜所は直に自分で匂いを確かめて作業する。若きスチルマンは真剣な眼差しで淡々と話す。「ヘッドの部分というのはかなり刺激臭が強いんですね。熟成に適さない。テールの部分というのはどんどん雑に、ある意味香ばしい味なんですけども、イメージとしては。ひょっとすると芋焼酎や泡盛とか、あれに近いようなフレーバーが後半、どんどん増えてきます。焼酎の場合は、それそのものを楽しむからいいですけど、ウイスキーの場合は、樽との相性、樽で熟成させることも考えて、そこが過剰にならないようにカットします」。見た目は透明で無垢なイメージだが、なんとも荒々しいスピリッツで、不慣れな人はまともに嗅ぐとまず鼻腔をやられてしまう。大体約65〜70度前後の度数なので、味わいも尖っているものが多い（ちなみにヘッドとテールは、再溜に戻されることとなる）。この仕分けの仕事は経験と感性が光る瞬間だ。ちなみに秩父蒸溜所は、後から65度以下に度数を調整して木樽の中に貯蔵する。

たまたま、蒸溜作業をしている最中で思わぬ提案をここのスタッフにされた。

「ニュースピリッツの香りをみてみますか？」

僕は不意に差し出された、できあがったばかりの原酒が入ったテイスティンググラスを手に取ってみた。蒸溜棟の中、午後の陽射しを浴びて鈍く輝くその液体は、とても美しく七色に光っているように見える。だが、不用意にも僕は鼻を近づけすぎて、その大胆なアルコール臭に思わず仰け反ってしまった（まったく、素人丸出しである）。照れながら思わず皆で苦笑だ。しかし次はゆっくりと慎重に嗅ぐ。今日は晴天で風も穏やかな心地よい季候の中、流れる雲のシルエットが見える。この蒸溜所内はポットスチルのリズムよく稼働する音だけが響いていた。生まれたての

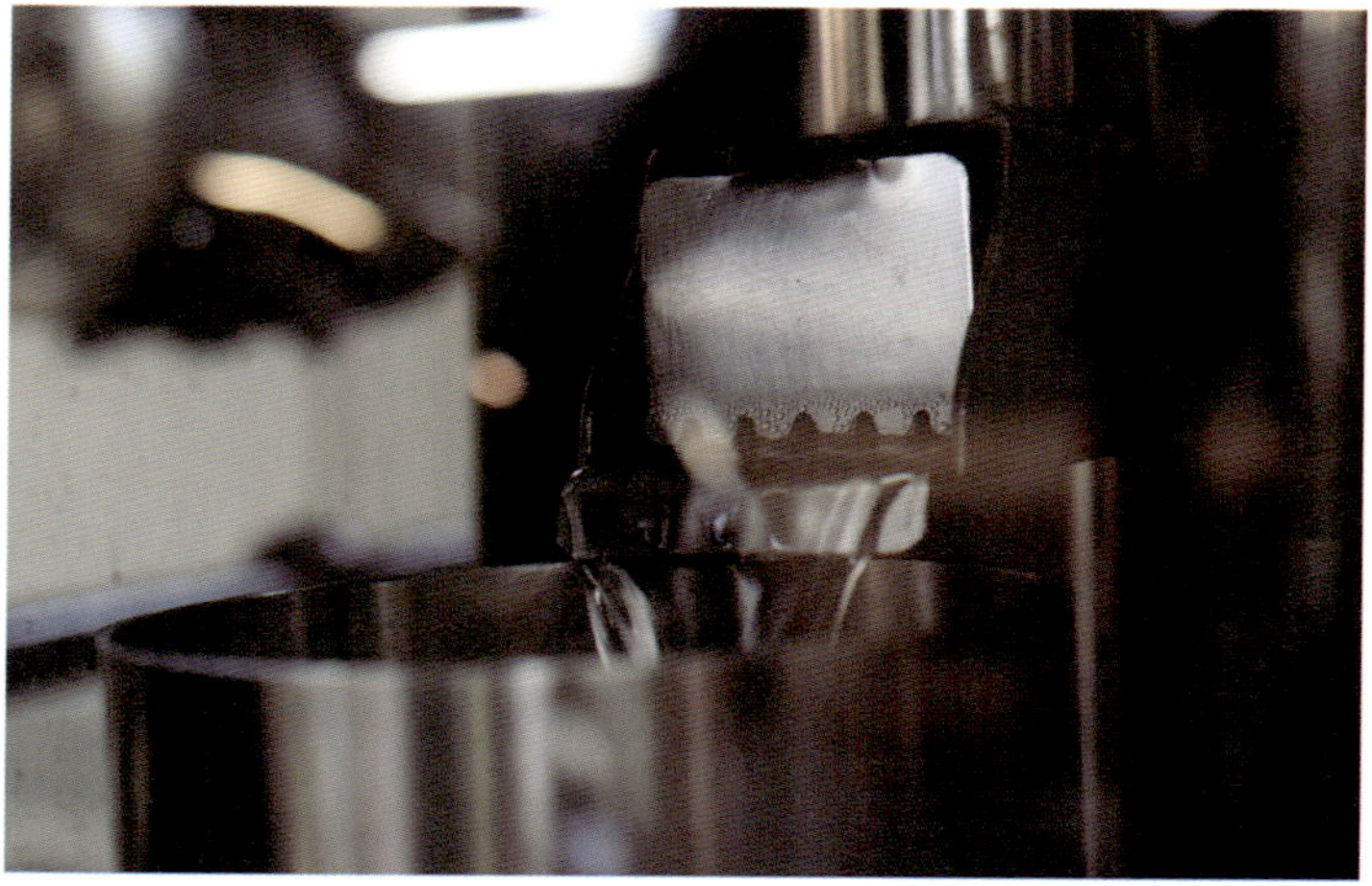

ローワインが流れている

アロマを楽しむには素晴らしい日だ。少しずつグラスに鼻を近づけていく。相変わらずエタノール臭は強く感じるが、発酵槽で嗅いだような甘いフルーツほどではないにせよ、微かにエステリーや乾いた麦のアロマも感じられ、とてもヘビーでリッチな存在感がそこにはあった。

個人的に秩父のウイスキーはけっこう骨太だが、極めてキャッチーな印象を与えてくれる気が以前からしていた。まるで輪郭のはっきりとした浮世絵を観ているような伝わり方があるような。伝えたいメインを大胆に構図として大きく描くが、決してディティールの部分は手を抜いているわけではない。むしろ精巧に描かれている。背景がちゃんとしているから大胆な構図でも生きてくる訳だ。大袈裟に言うなら、僕はこのニューポットのアロマからも、瞬間にそのウイスキーのレゾンデートルが自分の中に理屈もなく伝わってきたように感じたのだ。ここのウイスキーが美味いのは単純に、背後にある丁寧な仕事と人の手の温もりが誤魔化しなく感じられるからなのだろうと。

ここの熟成庫はダンネージ式で樽がぎっしりと置いてあった。通路はコンクリートで固めてあるが、樽が保管してある地面はむき出しの土で、空調は自然の換気のみで熟成が成されている。通常、樽の保管方法はラック式とダンネージ式の二つをよく見かける（他にはパラタイズなど、色々な技法で熟成の味わいにプラスアルファのテイストが加わるそうだ）。基本的にダンネージは伝統的な保管方法で、ラック式は1950年代以降に生まれた近代的な方法と言われている。ダンネージは、基本的には天井が低く、土の床に直に樽が置かれて大体4段くらいまで積み上げる。それ以上積み上げると下部の樽に対して負担が大きくなるのだ。対してラック式は概ねコンクリートの床にスチールのレールを装備して背の高いラックを構築し、樽を積み上げる。どちらも一長一短の方法で、熟成庫の保管方法を一つ見るだけでもその蒸溜所がどんなリクエストをしているかがよく分かるものだ。ただ不思議なことに同じ時間を費やして熟成しているのに、何故か仕上がるウイスキーの風味には違いが出てくる。この保管方法にもどんな魔法があるのか、まだまだ研究は続いているようだ。本当にどうなのか、一度熟成庫にいる天使に問いただしてみたいものだ。ただ、ダンネージの方がよくその土地の〝味わい〟が伝わると聞くことが多い。だからか、秩父では3つの熟成庫全てがダンネージ式だ。木材のレールを敷き、樽が詰み込まれ、秩父の土の〝味わい〟が染み込む形にこだわっている。ここでも一つ一つの樽に肥土さんの哲学と文化、人のつながりが混ざっているようにも感じら

パラタイズ
熟成庫での保管方法の一つで、パレットと呼ばれる荷台の上に樽を縦に並べて熟成させる。

土の上にレールを敷きその上に樽を置く

れる。

そしてまだまだ肥土さんのこだわりは続く。

「第三熟成庫だけ壁が黒いんですよ」

最初はその意味があまり分からなかったが、建物内に入ってから実感することとなった。ずばり、内部の体感温度が違うのだ。確かに熱を吸収しやすいカラーリングなので理論的には温度が上がることは分かっていたのだが、肌で感じると尚の事よく理解できるものだと思った。

そして各々の熟成庫内の匂いが個人的に違ったのも印象的だった。第一はオークとカカオのアロマが強く感じられ、第二はフルーツ香とバニラが漂い、第三はもあっとした土の香りがした。皆、見た目は樽が詰んであるだけの倉庫の様なのに、まったく性質が違うようだ。

また、肥土さん独特の遊び心もその原酒に表現されていることがある。

「フィニッシュカスクには、こうしたら面白いのではというインスピレーションで色々なタイプを楽しんでいます」

これには、様々なバーに行ってヒントを得ることもあるという。バーに行って

壁の黒い熟成庫

サンプルボトル

飲むというのは、趣味でもあり、顧客の声を直に聞くことにも繋がるとても良いコミュニケーションの手段であるという。聞けば日本中のバーだけでも、のべ2000軒は行ったことがあるらしい。「最初に応援してくれたのはバーテンダーの方。ブランドではなくて味で判断してくれた」と肥土さんは言ってくれた。バーテンダーにとっては、何とも身の引き締まる言葉ではないか。そんな様々な世界観の感じられるイチローズモルトはこういった自身の遊び心と確かな技術、飲み手のささやかな声で生まれたのだ。

それに味方するかのように秩父の気候も一役買っている。

「熟成には日本の四季は相性の良い環境だろうと思います」と肥土さんは言う。

このハッキリとした温度差のある環境はことのほか

ウイスキーづくりには功を奏している。そもそもウイスキーというものは蒸溜という工程を経て度数の高い無色透明の原酒（スピリッツ）を精製するのだが、それだけではアルコールの刺激が強く主張してきて大変飲みにくいものとなってしまう。なので、できた原酒を木樽に詰めて春夏秋冬を織り交ぜた〝熟成〟という技術で時間をかけて用い、その味わいに風味とコク、そしてまろやかさを足していくことになる。悠久の時を詰め込み、その飾り気のない原酒を芳醇で魅力的な琥珀色へと変貌させていくのである。この時、最も重要なことの一つに〝樽の呼吸〟というのがある。貯蔵の間、原酒は樽の内部の隙間や樽材のあらゆる所に入り込み、少しずつ蒸散し、また少しずつ外気を吸っていく。これが、〝樽の呼吸〟となり、これにより未熟成香の一部が蒸発して成分が濃縮し、熟成が進んで香りが深まっていく（洒落た言い方をすればこの目減り分を〝エンジェルズ・シェア〟天使の分け前と言っている）。樽に使われるオーク材からは、リグニンやタンニンなどの成分が原酒（スピリッツ）により溶け出してきて甘い香りや味わいのコクを生成していくこととなる。この呼吸は温度の寒暖差があるほど、熟成としてより素晴らしい作用を発揮していくこととなる。つまり、ウイスキーを美味くするそんな素晴らしい才能を持つ気候を、この秩父という土地は持っているというのだ。だが、短所も当然ある。秩

熟成庫

3340
2663

父に住む天使は思いのほか、大酒飲みなのだ。つまり、樽の呼吸によって蒸散する量がこの季候のお蔭でちょっとだけ多く減ってしまう。普通なら、生産量が落ちてしまうことに目が向いてしまうが、肥土さんは天使に対してもケチケチしない。そして、「その方が良いと思っているから」と話す。この人の行動は潔く感じられる。

肥土さんの魅力はまだまだあるようだ。この人はとにかく人を惹きつける何かを持っているようだ。秩父蒸溜所に勤めるスタッフは皆、イチローズモルトに感動を覚えて肥土さんに会い、共感してこの地にいる。当時、ベンチャーウイスキーを立ち上げた時はスタッフを雇う余裕もなかったらしいが、現在は10名以上の人が肥土さんと一緒に夢を追いかけている。スタッフは皆、真面目で人が良く、若さがある。そしてよく笑う。蒸溜所の見学の最中にスタッフと会うと、必ず歯切れの良い挨拶がくる。とても気持ちの良い雰囲気のある仕事場だ。それにウイスキーにも詳しい。質問をするとちゃんと受け答えしてくれるから、なお気持ちがよくなる。肥土さんにスタッフのこれからのことを尋ねると「秩父の地ですくすくと育ってほしい」と自分の娘を褒められて照れくさくしている父親の様な顔をしながら答えてくれた。

またウイスキーを成長させる上で最も大切な木樽の製作技術には、とても長い修練を必要とする。接着剤や釘やネジも使用せずに組み立てられる姿は、さながらバッカスから贈られた芸術作品のようだ。この秩父蒸溜所では老舗であるマルエス洋樽製作所に発注して独自の樽を作っていた。ミズナラ材を使った木樽もそうだが、独自の発想で作られた容量130リットルのその樽は通称〝ちびダル〟と呼ばれて、とても可愛がられているようだ。人には成長するための時間と経験が必要だが、ウイスキーにも当然必要な時間の流れがある。最近は、スピリッツと樽材の科学的な熟成の変化に対しての研究は著しく進歩しているが、最終的なメカニズムはまだまだ神秘のベールに包まれている。もし人類の英知が進歩して、3日で30年モノのウイスキーができるようになったとしても、それが本当にウイスキー愛好家の求めている嗜好品になるのかは各々のセンスによると思うが、とりあえず現状では熟成のミステリーは未だ謎のままだ。ただ、容量の小さな樽の方が、熟成が早く進むことはよく研究されているようである。要するにウイスキーの樽材に接する表面積の割合が大きく、樽材より強い影響を受けて、結果として熟成が早まるというメカニズムができ上がるのである。

ただし、樽の大きさはバランス感覚が大切で、けっして小さければいいというものではない。何でも身の丈に合った適度なものが存在する。そんな、ウイスキーに

製樽技術を学ぶ渡部さんの作った樽第一号

対して理想的な大きさの樽を求めるには、信頼できる樽職人の存在が不可欠となる。肥土さんの幸福な出会いはここにもあり、マルエス洋樽製作所は羽生市にあって秩父蒸溜所設立以前から交流を深めていた。ここには、現在80歳を超える大ベテランの職人がいるのだが、実は近年の後継者不足はここまで浸透しており、残念なことにこの素晴らしい製樽技術を継承する人がいないとのこと。そこで、肥土さんの計らいもあって、今は秩父蒸溜所に勤めるスタッフの二人が製樽に果敢に挑戦する日々を送っている。決してすぐには会得できない製樽技術への道のりは険しいものだ。だが、これが上手くいけば技術継承の問題とオール・メイド・イン秩父蒸溜所のウイスキーづくりへの大きな一歩となることは間違いないだろう。

ここの蒸溜所に赴くと、小さいながら驚くほど魅力に溢れているように感じられる。それは材料である麦から始まり、糖化、発酵してきるもろみに対しても、いつの間にかアルコール度数の高い液体になったニュースピリッツに対しても感じるものだ。当然、ここにいる人も魅力的な方ばかりだ。普段はあどけない顔で笑う若者ばかりだが、いざウイスキーづくりになると真剣な眼差しになる。本当に惚れ惚れしてしまうほどに。そんなに人を夢中にさせるウイスキーとは何なんだろう。最初は何物にも染まっていない無色透明な液体が、時間を経るごとに輝きを持つ琥珀色へと変わり、僕達にコクのある旨みと、また別に人生の豊かさをその香しい味わいでそっと教えてくれる。こういったウイスキーを味わう時は静かな所で、できれば居心地の良い椅子に座ってゆっくりと、そのグラスに入ったウイスキーに鈍い光を照らしながら頂きたいものだ。別にひどく賑やかなパブの喧噪の中でも、それはそれなりに楽しめることだろうけれども。あの粛々と年月を重ねる熟成庫に一人ぽつんといると、思うことがある。今まで職人達が果敢に挑戦して作り上げた近代技術と、データを照らし合わせて蒸溜の技を昇華して得た最高の原酒も、後は熟成という神の思し召しで決まるのかと。科学的な見方をすれば熟成は、リグニンなどのエタノリシス化学反応の一種と言えるかもしれない。しかし僕には、信仰に似た静寂さを伴うこの主観的な文化をそんなインテリっぽい俗な言葉では表現できないように思える。それにこんなに長い年月をかけてでき上がるのを〝待つ〟仕事は今の資本主義である社会では到底受け入れられないものだろう。目まぐるしく変化する時代背景や経済環境にも影響を受けて生きていく現代で、一定の水準で供給していくことは極めて困難な道のりを強いられることだろう。消費者の要求と生産者の思惑が一致することはどの分野でもあまり無いケースかもしれない。だからと言って妥協の産物で生まれるものにははっきりとした魅力に繋がるオリジナリティーが感じられなくなるので、どちらにも受け入れられない提案となってしまいがちだ。ウイスキーには味わいの中に、甘みと辛みが一緒に混ざり合っている。まさしく表裏一体の極致だ。そんな琥珀色の液体に肥土さんは、自身の中にある譲れないこだわりを持って接している。その中でも、ひどく印象的なことを言われていた。

「以前は、大手メーカーが羨ましかった。しかし、今は秩父からリリースする毎の最熟成のボトルが楽しい。残してくれた原酒（羽生）には大変感謝をしています。今はわがままな価値観でウイスキーだけに着手できて、ある意味恵まれていると思っています。以前は、俗にいう〝なんでも屋〟で色んなお酒に携わっていましたから。色々なお蔭で今はウイスキーに没頭できる。だから、自分の考えるウイスキーを伝えたいと思っています。とりあえず何でも自分で見て、確かめないと気が済まない性分なので、材料である麦を育ててもみたいし、木樽の元である森も見に行きたいからとりあえず行ってみます。ある時、栓に使用するコルクの元が気になってコルクの生産地まで赴いてみたこともあります。フロアモルティングもしたいので、年に一度はその研修にも行っていますよ。ウイスキーづくりは蒸溜所の中だけで完結するものではなく、周囲にあるものが皆関わっているものだと思っていますから。それはこの秩父という土地と風土を感じられるウイスキーをつくりたいという自分の目標に繋がります」

結局、ウイスキーというものは、そのつくられる土地にいる人がつくるものだ。そんなシンプルな話だが、あれこれと分析をしてそれが美味しい理由を探す人もいる（大概はお酒の肴になるか、蘊蓄《うんちく》の温床になるかのどちらかだが）。

材料である麦の質とか、水の硬度やピートはどこの物を使っているかなど、そのウイスキーが美味しい理屈を作業工程から導き出して探そうとすることもいいと思う。また知ることにより、現場の苦労を知り、つくり手の想いにシンクロしたい気持ちもあるだろう。確かに、蒸溜工程は科学の進歩や技術の向上により、これからも至高の極みまで高まることはあるだろう。だが、それだけでは説明のできないも

フロアモルティング
大麦を床に広げ、発芽させること。今となっては手間とコストがかかるという理由からか、フロアモルティングを取り入れている蒸溜所は少ない。

のがウイスキーには詰まっている。最も注目すべきは、そのウイスキーが生まれた土地とどんな人間がつくったということだろう。できれば秩父の綺麗な山や川を、時間をかけて見てほしいと思う。その土地の独特の空気を感じることは、確実にその土地でつくられたウイスキーを知りえる一つの大きなきっかけになることだろう。そして、肥土伊知郎という人間にも会ってみてほしい。

肥土さんの関わるウイスキーは〝ドングリ〟のデザインがシンボルマークとなっている。これは、日本独特の落葉広葉樹林である大楢、ミズナラの木の葉とドングリをモチーフにして作られたそうだ。これは、最初は小さなドングリから始まり、いつかは大木に育つようにと願いが込められているそうだ。またあのドングリのように小さかった時期を忘れないようにという〝初心の心構え〟を表しているそうだ。ドングリがなければ森は生まれないし、そして森がなければドングリは生まれない。もしかしたらウイスキーづくりというものは、いつかの未来に繋げる道の様であり、それは森がドングリを残すことに似ているのではないかと僕はふと考えてしまった。

また肥土さんからはプライベートでも仕事でも急かす空気感を感じない（人柄な

のかもしれないが）。マーケット・インである現代の大手企業は、余裕が無いくらいに息切れをしているように感じられる一方、自身のボリュームを超えるようなモノを提供することが無いから、あえてプロダクト・アウトの姿勢でウイスキーに向き合っている肥土さんのスタンスの方が、ある意味本来在るべきウイスキーの形なのではないだろうかと考えてしまう。また、この人のつくるウイスキーは、人の手の温かみを感じる。しかもさり気なく、である。企業ネームではない、人と土地を想わせる味わいだ。

最後に一つ質問をしてみた。自身の夢について。

「夢はここのウイスキーの30年熟成モノを飲むこと。関わった方々と、それを一緒に飲んで楽しみたい」。ウイスキーづくりという長い勝負は今まだ始まったばかりだ。

この土地は本当にウイスキーをつくるには理想的な土地だと思う。何故ならここが秩父で、そこには肥土伊知郎というウイスキーに情熱を注ぐ人がいるから。

秩父蒸溜所イチローズモルト
“カードシリーズ”ボトル紹介

(限定ボトルの為、すでに販売されておりません。
ご了承下さい)

カードシリーズはトランプの絵柄の数だけリリースをされているシリーズ。一般的にある日本のトランプの枚数に従って52本にラストリリースのジョーカーラベルが2本存在し、また一つの絵札で二度リリースされているものもある。どれも今は無き羽生蒸溜所のリミテッドリリースになるので、希少なボトルばかりで今やオークションアイテムでも有名。だが、ウイスキーの価値は味わってこそ意味があることは言うまでもないことだろうが。今回、知人の好意によりボトル情報をいただいたが、残念ながら一本だけ写真撮影ができなかった（その一本は58ページに載せておきます）。ちなみにコメントは肥土伊知郎氏の言葉を拝借している。

Spade～スペード～

❶Ace of Spades～エース・オブ・スペーズ～
限定122本（1985～2005年瓶詰）度数55％　樽番号9308　カスクタイプ：1st ホグスヘッド／2nd スパニッシュオーク・シェリーバット　[Second bottle] 限定300本（1985～2006年瓶詰）度数55.7％　樽番号9308　カスクタイプ：1st ホグスヘッド／2nd スパニッシュオーク・シェリーバット　◎濃厚なダークカラー。甘い香りが強く、ダークシェリー、メイプルシロップを思わせる。スパニッシュオークの力強さ、甘みと香ばしさ、厚みのある味わい。

❷Two of Spades～トゥー・オブ・スペーズ～
限定290本（1991～2011年瓶詰）度数55.8％　樽番号477　カスクタイプ：1st ホグスヘッド／2nd ポートホグスヘッド　◎輝きのあるオレンジブラウン。濃縮されたベリー系のドライフルーツ、ストロベリージャム。酸味とビターさのバランスが良い。加水で　爽やかな柑橘系フルーツを感じる。

❸Three of Spades～スリー・オブ・スペーズ～
限定354本（2000～2007年瓶詰）度数57(57.9)％　樽番号7000　カスクタイプ：1st ホグスヘッド／2nd ニューウッドアメリカンオーク・ホグスヘッド　◎新樽ならではの色、香りが楽しめる。バニラや木の蜜、ウッディネス、リッチ 新樽由来の甘み、アメリカンオークのタンニン。

❹Four of Spades～フォー・オブ・スペース～
限定570本（2000～2010年瓶詰）度数58.6％　樽番号60　カスクタイプ：1st ホグスヘッド／2nd ミズナラパンチョン　◎ミズナラの丸太を旭川の材木市場で買い付けるところから始めた思い入れのある熟成樽を使用。やや赤みが勝った褐色。オーツクッキー、ココナッツ様のトップノート。ハチミツのスイートさの中に、焙煎したコーヒー豆のビターさを感じる。フィニッシュで上品なハーブティー、甘草、スイート＆ビターの余韻。

❺Five of Spades～ファイヴ・オブ・スペーズ～
限定632本（2000～2008年瓶詰）度数 60.5％　樽番号9601　カスクタイプ：1st ホグスヘッド／2nd アメリカンオーク・リフィルシェリーバット

❻Six of Spades～シックス・オブ・スペーズ～
限定661本（2000～2011年瓶詰）度数58.6％　樽番号1303　カスクタイプ：1st ホグスヘッド／2nd オロロソシェリーバット　◎カラーゴールド。バタースコッチのような甘いトップノート。麦わらやほろ苦さを感じる。クッキー系の甘さ、ターメリック，スパイシー。

⓫Jack of Spades～ジャック・オブ・スペーズ～
限定349本（1990～2007年瓶詰）度数54％　樽番号7002　カスクタイプ：1st ホグスヘッド／2nd ニューアメリカン・ホグスヘッド　◎赤みがかった褐色。バニラ、スモーク、スパイス、時間と共に甘みとホワイトオークのフレーバーが強くなる。味は燻製を思わせるスモーキー、バニラ、ビターさを伴う甘み。新樽らしい味わい。

⓬Queen of Spades～クィーン・オブ・スペーズ～
数量737本（1990～2009年瓶詰）度数53％　樽番号466　カスクタイプ：1st ホグスヘッド／2nd ポートパイプ　◎イチローズモルト初登場のポートパイプ熟成。カラーは褐色。フルーティーで濃厚なトップノート。ベリー系の酸味を帯びたフルーツ。イチジクやドライフルーツ、チェリー。イチゴのショートケーキ。

⓭King of Spades～キング・オブ・スペーズ～
限定271本（1986～2007年瓶詰）度数57％　樽番号9418　カスクタイプ：1st ホグスヘッド／2nd バーボンバレル　◎濃いゴールド。バニラ、クリーミー、もなか、樽香、やがて熟したりんご、カルバドスの香り。味は安心感のあるウッディーさ、ラム、わずかにピーティー、ミント。

❼Seven of Spades～セブン・オブ・スペーズ～
限定348本（1990～2012年瓶詰）度数53.8％　樽番号525　カスクタイプ：1st ホグスヘッド／2nd コニャックカスク　◎オレンジがかった褐色。柑橘系のフルーツを思わせるやや酸味を伴うスイートさ、チェリーから黄桃へと変化する。複雑でビターな余韻。

❽Eight of Spades～エイト・オブ・スペーズ～
限定629本（2000～2008年瓶詰）度数58％　樽番号9301　カスクタイプ：1st ホグスヘッド／2nd カスクスパニッシュオーク・シェリーバット

❾Nine of Spades～ナイン・オブ・スペーズ～
限定584本（1990～2010年瓶詰）度数52.4％　樽番号9022　カスクタイプ：1st ホグスヘッド／2nd クリームシェリーバット　◎濃い褐色。煙やクッキー、干しぶどうを思わせるトップノート。口に含むとスイートでドライフルーツ。バランスの良い甘さはシェリーファン向け。

❿Ten of Spades～テン・オブ・スペーズ～
限定202本（1988～2006年瓶詰）度数46％　樽番号9204　カスクタイプ：1st ホグスヘッド／2nd アメリカンオーク・パンチョン　◎褐色がかったゴールド。スモーキーさを感じるトップノート。ピーティー&スモーキー、焦がした樽材、複雑な味わい。長めの余韻としっかりとしたフィニッシュ。

Heart～ハート～

❶ACE of HEARTS～エース・オブ・ハーツ～
限定389本（1985～2007年瓶詰）度数56％　樽番号9004　カスクタイプ：1st ホグスヘッド／2nd アメリカンオーク・シェリーウッド　◎褐色がかったゴールド。木の蜜、ハーブ、オーク樽、香草、樹液、酸味の利いた果実の香り。リッチで樽由来のタンニンがしっかり、口の中でシェリーの風味が広がる、濃厚だがしつこくない。

❷Two of Hearts～トゥー・オブ・ハーツ～
限定309本（1986～2009年瓶詰）度数56.3%　樽番号482　カスクタイプ：1st ホグスヘッド／2nd マデイラ・ホグスヘッド　◎凝縮した果実、ドライフルーツを思わせるトップノート。複雑かつ厚みのあるボディー。

❸Three of Hearts～スリー・オブ・ハーツ～
限定807本（2000～2010年瓶詰）度数61.2％　樽番号465　カスクタイプ：1st ホグスヘッド／2nd ポートパイプ　◎赤みがかった褐色～オレンジ。甘みが強く程良いウッディーさ。砂糖漬けのチェリーや厚みと膨らみのあるオレンジピール、ビターでスイートな複雑さ。

❹Four of Hearts ～フォー・オブ・ハーツ～
限定361本（2000～2011年瓶詰）度数59.2％　樽番号529　カスクタイプ：1st ホグスヘッド／ 2nd フレンチオークコニャックカスク　◎ゴールドイエロー。はちみつやメイプルシロップを伴う甘いトップノート。スイートな口当たりがやがてビターチョコレートに変化。

❺Five of Hearts～ファイブ・オブ・ハーツ～
限定326本（2000～2008年瓶詰）度数60％　樽番号9100　カスクタイプ：1st ホグスヘッド／2nd フレンチオークコニャックカスク

❻Six of Hearts～シックス・オブ・ハーツ～
限定564本（1991～2012年瓶詰）度数57%　樽番号405　カスクタイプ：1st ホグスヘッド／2nd アメリカンオークパンチョン　◎濃いめの褐色。ソフトなフルーティー、焙煎したコーヒー豆の香り。ビターさと、チョコレートの感じさせる、スイート＆ビターな余韻。

❼Seven of Hearts～セブン・オブ・ハーツ～
限定636本（1990～2007年瓶詰）度数54％　樽番号9002　カスクタイプ：1st ホグスヘッド／2nd アメリカンオーク・シェリーバット　◎色：やや褐色がかったゴールド。酸味を帯びた果実、キャラメルを思わせる甘い香り。時間とともに干し葡萄。オロロソ、ペドロヒメネスを思わせるが穏やかな甘み。ハチミツ、メープルシロップ、薫香を伴う。複雑。

❽Eight of Hearts～エイト・オブ・ハーツ～
限定617本（1991～2008年瓶詰）度数 56.8%　樽番号9303　カスクタイプ：1st ホグスヘッド／2nd スパニッシュオーク・オロロソシェリーバット

❾Nine of Hearts～ナイン・オブ・ハーツ～
限定210本（2000～2006年瓶詰）度数46％　樽番号9000　カスクタイプ：1st ホグスヘッド／2nd アメリカンオーク・シェリーバット　◎奥行きのあるメイプルシロップの甘みと果実を感じるトップノート。やわかい麦の甘み、ハチミツ、樽、牧草。穏やかなシェリーの余韻。

⑩Ten of Hearts〜テン・オブ・ハーツ〜
限定295本（2000〜2011年瓶詰）度数61.0%　樽番号463　カスクタイプ：1st ホグスヘッド／2nd マデイラホグスヘッド　◎褐色。グミキャンディーのようなスイートさがある。フルボディーの赤ワインのようなビター感と樽香が幾重にもかさなる複雑なフレーバー。

⑪Jack of Hearts〜ジャック・オブ・ハーツ〜
限定329本（1991〜2010年瓶詰）度数56.1%　樽番号378　カスクタイプ：1st ホグスヘッド／2nd レッドオーク・ヘッズ・ホグスヘッド（チローズが少なく漏れやすいためにあまり、樽材には使用されないレッドオーク。今回特別にヘッド（鏡板）の部分に使用した樽を使用）　◎輝きのあるゴールド。バタースコッチ、キャラメル、みつろう、ワックスを思わせるトップノート。わずかにスモーキー、焼きたてのフランスパン。徐々にタンニンのビターさが現れるフィニッシュ。

⑫Queen of Hearts〜ハート・オブ・クイーン〜
限定125本（1990〜2005年瓶詰）度数54%　樽番号9102　カスクタイプ：1st ホグスヘッド／2nd フレンチオーク・コニャック　[Second bottle] 限定324本（1990〜2006年瓶詰）度数54%　樽番号9102　カスクタイプ：1st ホグスヘッド／2nd フレンチオーク・コニャック　◎フィノシェリーのようなフローラルなトップノート。口の中でのフレッシュ感、穏やかなタンニン、コニャックウッドならではの繊細な味と香り。

⑬King of Hearts〜キング・オブ・ハーツ〜
限定444本（1986〜2009年瓶詰）度数55%　樽番号9033　カスクタイプ：1st ホグスヘッド／2nd ペドロヒメネスシェリーバット　◎やや濃い褐色のカラー。ペドロヒメネスの濃厚なスイートさと樽由来のタンニン感は時間とともにメイプルシロップに変化。ドライフルーツ、濃厚でパンチのあるフィニッシュ。

Club～クラブ～

❶Ace of Clubs～エース・オブ・クラブス～
限定503本（2000～2012年瓶詰）度数59％　樽番号9523　カスクタイプ：1st ホグスヘッド／2nd ミズナラ・パンチョン　◎明るめの褐色。ココナッツ、バニラなどのスイートなトップノート。伽羅や白檀などの香木系の香り。味はわずかに樹液。ミルクキャラメル、和梨、オブラート。

❷Two of Clubs～トゥー・オブ・クラブス～
限定318本（2000～2007年瓶詰）度数57％　樽番号9500　カスクタイプ：1st ホグスヘッド／2nd ミズナラ・ホグスヘッド　◎ゴールド。香り：キャラメルのような甘いトップノート、若い木樽、潮の風味、ミネラル、しおこんぶ。味：甘みとタンニンの渋みの絶妙なバランス。木の実の渋皮、日本的なキャラクター、香木、レザー、きりっと透き通った芯のあるフレーバー。

❸Three of Clubs～スリー・オブ・クラブス～
限定592本（2000～2009年瓶詰）度数61.1％　樽番号7020　カスクタイプ：1st ホグスヘッド／2nd&3rd ニューアメリカンオークパンチョン（ダブルニューウッド）◎フィニッシュに新樽を2回使用した「ダブルニューウッド」。トータルで3種類の樽を使用して熟成。新樽由来のバニラ系のスイート＆ウディーさ、そしてアフターにスパイシーさ、タンニン、白木のような爽快感。

❹Four of Clubs～フォー・オブ・クラブス～
限定266本（1991～2007年瓶詰）度数58％　樽番号9802　カスクタイプ：1st ホグスヘッド／2nd ラムカスク　◎ゴールド。香木的なウッディーさ、爽やかなトップノート。のみ口は軽いが葡萄、ベリー系スイート。意外な余韻の長さ。

❺Five of Clubs～ファイブ・オブ・クラブス～
限定372本（1991～2009年瓶詰）度数57.4％　樽番号371　カスクタイプ：1st ホグスヘッド／2ndカスクミズナラ・ホグスヘッド　◎トップノートでココナッツ、ウッドスモーク、香木。甘さの性質が黒糖からハチミツに変化してゆく。フィニッシュでスイート＆ビターの余韻が長く楽しめる。

❻Six of Clubs～シックス・オブ・クラブス～
限定597本（2000～2009年瓶詰）度数57％　樽番号9020　カスクタイプ：1st ホグスヘッド／2nd クリームシェリーバット　◎明るめの褐色のカラー。ウッディー、潮汁。最初は硬く閉ざされていたベールに包まれたベリー系フルーツの香りが徐々に開花。スパイシーかつ甘い焼き菓子を思わせるフィニッシュ。

❼Seven of Clubs～セブン・オブ・クラブス～
限定345本（2000～2008年瓶詰）度数59度　樽番号7004　カスクタイプ：1st ホグスヘッド／2nd リフィルアメリカンオークホグスヘッド　◎褐色がかった艶のあるゴールド。メイプルシロップ、バタークッキー、香ばしさを感じさせ、バニラ系の甘みの奥からタンニンが顔を出す。

⑪Jack of Clubs～ジャック・オブ・クラブス～
限定124本（1991～2005年瓶詰）度数56％　樽番号9001　カスクタイプ：1st ホグスヘッド／2nd アメリカンオーク・シェリーバッド ［Second bottle］限定330本（1991～2006年瓶詰）度数56％　樽番号9001　カスクタイプ：1st ホグスヘッド／2ndカスク　アメリカンオーク・シェリーバッド　◎スペイサイドモルトを思い起こさせるバランス。フローラルで穏やかな香りと、シロップのような甘み、ココナッツやココア、ビターチョコ、ホワイトオークを感じるタンニンが特徴的。

⑫Queen of Clubs～クイーン・オブ・クラブス～
限定330本（1988～2008年瓶詰）度数56％　樽番号7003　カスクタイプ：1st ホグスヘッド／2nd ニューアメリカンオークホグスヘッド

⑬King of Clubs～キング・オブ・クラブス～
限定417本（1988～2010年瓶詰）度数58％　樽番号9108　カスクタイプ：1st ホグスヘッド／2nd コニャックカスク　◎艶のあるゴールド。ウッディー＆ピーティー、飴、スモークウッドのアロマ。口の中では、強力ではないがはっきりとした奥行きのあるピート香が広がる。樹液やマロングラッセを感じ心地の良い熟成感となっている。

❽Eight of Clubs～エイト・オブ・クラブス～
限定561本（1988～2011年瓶詰）度数57.5％　樽番号7100　カスクタイプ：1st ホグスヘッド／2nd アメリカンオークパンチョン　◎ゴールド。マロングラッセ、ベッコウアメ、オイリー。スモーキー、ピーティー、ウッディーのアロマ。繊細で複雑なフレーバーでまとまりの良い。

❾Nine of Clubs～ナイン・オブ・クラブス～
限定238本（1991～2011年瓶詰）度数57.3％　樽番号401　カスクタイプ：1st ホグスヘッド／2nd バーボンバレル　◎ゴールド。甘い樹液、樹脂。栗の渋皮。潮っぽさを感じるソルティーさ、甘苦い風邪薬。甘くてビターさを伴う、複雑なアフターテイスト。

❿Ten of Clubs～テン・オブ・クラブス～
限定576本（1990～2008年瓶詰）度数52.4％　樽番号9032　カスクタイプ：1st ホグスヘッド／2nd ペドロヒメネスシェリーバット

Diamond～ダイヤモンド～

❶Ace of Diamonds～エース・オブ・ダイヤモンズ～
限定527本（1986～2008年瓶詰）度数 56.4%　樽番号9023　カスクタイプ：1st ホグスヘッド／2nd クリームシェリーバット

❷Two of Diamonds～トゥー・オブ・ダイヤモンズ～
限定259本（1991～2008年瓶詰）度数58％　樽番号9412　カスクタイプ：1st ホグスヘッド／2nd フレッシュバーボンバレル　◎輝くゴールド。ベッコウアメの香り。フルーティーでほのかな酸味と甘みの融合はプラムを思わせる。味わいは素朴さを感じるオーツクッキー。フィニッシュで感じる複雑な余韻が続く。

❸Three of Diamonds～スリー・オブ・ダイヤモンズ
限定273本（1988～2007年瓶詰）度数56％　樽番号9417　カスクタイプ：1st ホグスヘッド／2nd バーボンバレル　◎濃いゴールド。香りはミント、香草、パイナップルの皮、ピーチリキュール、スモーキー、りんごを中心にしたフルーティーさ。味はバニラ系の甘み、模範的、薬草、潮の風味。複雑なテイスト。

❹Four of Diamonds～フォー・オブ・ダイアモンズ～
限定546本（2000～2011年瓶詰）度数56.9％　樽番号9030　カスクタイプ：1st ホグスヘッド／2nd ペドロヒメネスシェリーバット　◎濃褐色。キャラメル、マロングラッセ、栗の渋皮のようなビターさがほんのり。焦がした砂糖菓子。

❺Five of Diamonds～ファイブ・オブ・ダイヤモンズ～
限定652本（2000～2012年瓶詰）度数57％　樽番号1305　カスクタイプ：1st ホグスヘッド ／2nd オロロソシェリーバット　◎輝きのある褐色。シェリー樽由来の甘さに続いて、白木や、ミント、ウッディー＆スパイシー。八角。漢方薬を思わせる複雑な余韻。

❻Six of Diamonds～シックス・オブ・ダイアモンズ～
限定277本（2000～2007年瓶詰）度数60％　樽番号9410　カスクタイプ：1st ホグスヘッド／2nd フレッシュバーボンバレル　◎フルーティー＆スパイシー、バーボンファストフィルのマイルドな熟成感。

❼Seven of Diamonds～セブン・オブ・ダイヤモンズ～
限定570本（1991～2010年瓶詰）度数54.8％　樽番号9031　カスクタイプ：1st ホグスヘッド／2nd ペドロヒメネスシェリーバット　◎濃い褐色。焦がした砂糖やわずかに煙を感じるアロマ。味はウッディーさ、砂糖醤油をつけたお餅、マジパン。アフターもほんのりウッディーでビター。

❽Eight of Diamonds～エイト・オブ・ダイヤモンズ～
限定595本（1991～2009年瓶詰）57.1%　樽番号9302　カスクタイプ：1st ホグスヘッド／2nd スパニッシュオーク・オロロソシェリーバット　◎カラーは濃い褐色。抑えられたスパニッシュオークの印象が除々に開いてゆく。黒糖のようなスイートさからマロン、ほろ苦いビターチョコへと続いてゆく。

❾Nine of Diamonds～ナイン・オブ・ダイヤモンズ～
限定248本（1985～2009年瓶詰）度数58.2%　樽番号9421　カスクタイプ：1st ホグスヘッド／2nd バーボンバレル　◎フルーティーなトップノート。かろやかな飲み口だが、余韻は長く奥ゆきのある深い味わい。長期熟成でありながらバランスの良い樽熟感。

❿Ten of Diamonds～テン・オブ・ダイヤモンズ～
限定585本（1990～2011年瓶詰）度数54.9％　樽番号527　カスクタイプ：1st ホグスヘッド／2nd アメリカンオークパンチョン　◎わずかに褐色を帯びたゴールド。ミルクキャラメル、ミントやメンソール系のハーブ、時間とともにフルーティー、スターアニスや乾燥イチジク、スパイシーなアフターテイスト。

Joker～ラスト・ジョーカー～

●Joker Color～ジョーカー・カラー～
限定3,640本（2014年瓶詰）度数57.7%　羽生蒸溜所で1985,1986,1988,1990,1991,2000年に蒸溜され、シェリーバット、パンチョン、コニャック、ホグスヘッド、マディラ、バーボンバレル、チビタルで熟成された原酒を秩父蒸溜所でヴァッティング。　◎カードシリーズの集大成の一本。またデザインで使用した絵画は秩父在住の画家・カツノ平二氏によるもの。

●Joker～ジョーカー・モノクローム～
限定241本（1985～2014年瓶詰）度数54.9%　樽番号1024　カスクタイプ：1st ホグスヘッド／2nd　ミズナラ・ホグスヘッド　羽生蒸溜所創業年の1985年の原酒をホグスヘッド樽で熟成の後、3年間をミズナラ樽でフィニッシュした、カードシリーズ集大成のもう1枚。

⑪Jack of Diamonds～ジャック・オブ・ダイアモンズ～
限定403本（1988～2008年瓶詰）度数56％　樽番号9103　カスクタイプ：1st ホグスヘッド／2nd フレンチオークコニャックカスク

⑫Queen of Diamonds～クイーン・オブ・ダイヤモンズ～
限定223本（1985～2007年瓶詰）度数58％　樽番号9109　カスクタイプ：1st ホグスヘッド／2nd フレンチオークコニャックウッド　◎見事な琥珀。香りは爽やかなウッディネス、柑橘系フルーツ、樹液、後にキャラメルを思わせる甘い匂い。味は果実香が口の中に広がり、甘みと酸味が複雑に交わる。飲み口はソフト、フィニッシュは複雑。コニャック樽のヒントとフレンチオークの特徴が楽しめる。

⑬King of Diamonds～キング・オブ・ダイヤモンズ～
限定124本（1988～2005年瓶詰）度数56％　樽番号9003　カスクタイプ：1st ホグスヘッド／2nd アメリカンオーク・シェリーバット　［Second bottle］限定555本（1988～2006年瓶詰）度数56％　樽番号9003　カスクタイプ：1st ホグスヘッド／2nd アメリカンオーク・シェリーバット　◎シェリーのニュアンスとピートやヨードを思わせる印象深いトップノート。アイラモルトを彷彿させる複雑な味わい。個性が強く好き嫌いがはっきり分かれる印象深い味わい。

——— イチローズモルト　ボトル紹介 ———

2008年創業開始となった秩父のウイスキーは、幅広いバリエーションに富むリリースのあるボトルばかりでその数も多数に及ぶ。だが、大体が限定ボトルなので見かけた時は是非とも一度は飲んでみたいものだ。

(掲載されている限定ボトルはすでに販売されておりません。ご了承下さい)

●イチローズモルト リーフシリーズ ダブルディスティラリーズ 46%

◎今は無き羽生蒸溜所のシングルモルト原酒と、2008年から稼働した秩父蒸溜所のモルト原酒をブレンドしてつくられたピュアモルト。羽生蒸溜所原酒はパンチョン樽を主体にシェリー樽を、秩父蒸溜所のモルト原酒はミズナラ樽を使用しており、絶妙なハーモニーを奏でている。

●イチローズモルトMWR　ファーストリリース

限定797本　度数46%　◎MWRはミズナラ・ウッド・リザーヴの略称。使用している原酒は、羽生蒸溜所モルトをキーモルトに、数種のモルトを使用したヴァッテッドモルトとなり、ミズナラ樽でフィニッシュをしている。肥土さんが自ら北海道旭川でミズナラの丸太を買い付けて、パンチョン樽に加工したものを使用しているとのこと。後にカスクストレングスのタイプも出ている。

●イチローズモルト　秩父 シングル・カスク・フロアーモルテッド

限定114本（2010～2013年瓶詰）度数62%　樽番号653 カスクタイプ：バーボンバレル　◎肥土さんがスタッフと共にスコットランドまで出向き、自らの手でフロアモルティングして仕込んだ原酒をモダンウイスキーマーケット向けにボトリングされたもの。樽違いで61%のボトルも限定販売されていた。

Ⓐ信濃屋オリジナルラベル
イチローズモルト"the GAME 2th" 羽生
ミズナラヘッズホグスヘッドフィニッシュ
限定309本　11年熟成（2000〜2011年瓶詰）度数59.4%
カスクタイプ：ミズナラヘッズホグスヘッド（フィニッシュ）

Ⓑ信濃屋オリジナルラベル　イチローズモルト
"the GAME 3th"羽生
レッドオークヘッズ・ホグスヘッドフィニッシュ
限定309本　12年熟成（2000〜2012年瓶詰）度数57.5%
カスクタイプ：レッドオーク・ホグスヘッド（フィニッシュ）

Ⓒ信濃屋オリジナルラベル　イチローズモルト
"the GAME 4th"羽生　ラムウッドフィニッシュ
限定232本　12年熟成（2000〜2013年瓶詰）度数59%
カスクタイプ：ラムカスク（フィニッシュ）

Ⓓ信濃屋オリジナルラベル　イチローズモルト
"the GAME 5th"羽生　ミズナラウッドフィニッシュ
限定299本（2000〜2014年瓶詰）度数59.5%　カスクタイプ：ミズナラカスク（フィニッシュ）

Ⓔ信濃屋オリジナルラベル
イチローズモルト"the GAME"羽生
限定476本　8年熟成（2000〜2009年瓶詰）度数61.2%
カスクタイプ：グレーン・シーズニング・パンチョン

◎ベンチャーウイスキーと信濃屋のコラボレーション企画で生まれたリミティッドボトルシリーズ。他では流通量が少ないイチローズモルトを樽ごと買い取りボトリングとなる。"GAME"というタイトル通りに遊戯をテーマにラベルデザインが成されている。2th以降のラベルデザインに関しては、日本のウィスキーショップがセレクトしたジャパニーズウィスキーというのを分かりやすくするためと、日本の文化を同時に世界に伝えるということをテーマに浮世絵というデザインを採用。因みに2thはチンチロリン、3thは相撲、4thは射撃、5thは宇宙パズルをイメージしたデザインとなっていて、そのラベルの中には、前作のボトルをどこかに見つけることができるのもユニークだ。因みにカードシリーズのラスト"ジョーカー"以外のデザインをされた方がこのデザインに携わっている。

●イチローズモルト　ザ・ファースト

限定7,400本（2008〜2011年瓶詰）度数61%　カスクタイプ：バーボン樽（200ℓサイズ）など31樽分のブレンド　◎2008年2月に稼働開始してからシングルモルトウイスキーの世界基準の3年熟成以上に合わせて蒸溜所からリリースされた一本。当時は各メディアで話題になっていた。やっとウイスキーとして肥土さん自らも認めたボトルだ。個人的にもこれが当店に届いた時、「これから秩父のウイスキーの歴史が始まるんだな…」と静かな感動が溢れてくるのを感じたものだった。

●ギンコー　ジャパニーズ・ブレンデッドモルト

限定6,000本　度数46%　◎肥土さんが海外に日本の素晴らしいウイスキーを紹介していきたいという信念の下、日本の蒸溜所にその気持ちを伝え貴重な原酒を入手、シングルモルトのみをブレンディングしたボトル。当時、日本で3,000本のみ販売されていた。ブレンド比率・銘柄は不明だが日本の複数の蒸溜所のものがブレンドされているとのこと。ギンコーという名前も日本の銀杏を表し、元々は中国原産でアジアに広まり、ヨーロッパに渡った植物なので、そのようにこのウイスキーも広まってほしいと願って命名したとのこと。

●イチローズモルト　秩父オン・ザ・ウェイ

限定9,900本（2008〜2010年の原酒を使用）度数58.5%　カスクタイプ：バーボンバレルやミズナラ製の樽（2008年のみミズナラ）　◎肥土さんに秩父蒸溜所を起ち上げてから印象に残っているボトルは？と尋ねた所、「オン・ザ・ウェイです」と答えたのが個人的に驚きだった。肥土さんいわく、「ウイスキーづくりとは難しいもので、将来のために長期熟成させる原酒もとっておかなければなりません。しかし、敢えてこの貴重な原酒を含めた2008年〜2010年のビンテージを使用してつくりました。(ON THE WAY=道の途中、過程等という意味）主な原料麦芽は自社スタッフの手によるフロアーモルティングを行ったもの。また、2008年の原酒はミズナラ製の樽を使用しました」とのこと。秩父で熟成を重ねてゆくウイスキーに思いを巡らせながらつくった肥土さんとスタッフ皆の想いが詰まった一本だ。

●秩父ウイスキー祭　限定ボトル

限定261本　3年熟成（2011〜2015年瓶詰）度数57.6%　樽番号3292　バレルの種類：インペリアル・スタウト・バレル　◎お祭り好きの秩父ならではの限定ボトル。秩父ウイスキー祭りは2014年から始まり、毎年結構な賑わいである。

●イチローズモルト　秩父　CHIBIDARU
限定3,900本（2009〜2013年瓶詰）度数53.5%
カスクタイプ：オリジナルクォーターカスク
●イチローズモルト　秩父　CHIBIDARU
限定6,200本（2010〜2014年瓶詰）度数53.5%
カスクタイプ：オリジナルクォーターカスク
◎“ちびダル”とは、小型のずんぐりとした秩父蒸溜所オリジナルでの形状の樽。伝統的なバット樽の4分の1のサイズは、比較的短期間で熟成を深める効果があるとのこと。

●イチローズモルト　秩父　ピーティッド
限定5,000本（2009〜2012年瓶詰）度数50.5%
カスクタイプ：バーボン樽とリフェルホグスヘッド、ホグスヘッド新樽を使用
●イチローズモルト　秩父　ピーティッド
限定5,980本（2011〜2015年瓶詰）62.5％
カスクタイプ：複数の樽を使用
◎ある特定の時期に仕込むピートタイプ。スモーキーなモルト好きには堪らない出来栄えだ。

●ウイスキートーク福岡2015
イチローズモルト秩父
“月と失われゆく動物”シリーズ
「シマフクロウ」
限定593本（2010〜2015年瓶詰）度数60.8%
カスクタイプ：バーボンカスク　◎九州で行われているウイスキーの祭典“ウイスキートーク福岡”でのプライベートボトル。ラベルは日本の絶滅種・絶滅危惧種の動物を月とともにあしらったデザインとなっており、そのウイスキー共々その存在の愛おしさを守る意思を持つべきと自戒を込めて制作されている。シマフクロウのラベルはこのシリーズの第5弾で、第1弾から順に“ニホンオオカミ”“トキ”“カワウソ”“ツシマヤマネコ”がリリースされている。

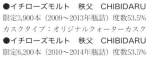

カードシリーズの撮影にて未開封のボトルが見つからなかったジャック・オブ・クラブス。

これだけは知人の撮影された写真でご紹介させていただきます。

キツツキとオオカミ

（信州マルス蒸留所）

上伊那郡宮田村は、美しい山間と綺麗な清美が流れる川に囲まれていた。まさしく時代がそうであるなら密造酒をつくるのにもってこいの環境だと思う。

長野県は、南北に長く、海に接していない内陸の土地でとても大きい。神様の悪戯か、この辺りはまるで天の上からグッと大地を寄せたように波打って山脈が連なっている。中央アルプスや南アルプス、または飛騨山脈もあってまさしく名山としての主役級の宝庫とも言えそうな迫力がある。後は凹んだように盆地があって、山々から受け皿の様に恵みの水が集まり、そこには河川や湖も多い。地図で眺めていると大体の山が2000~3000メートル級の山岳と、河川は第一級のビックなスケールのものばかりが揃っている。ここの自然は、ハッと息を呑むくらいの景観のインパクトがあって、ついつい時間の過ぎるのを忘れて立ち尽くしてしまうほどだ。こんなに立派な山ばかりだと登山経験の無い僕は気後れをしてしまいそうだが、すごく簡単に高みの素晴らしい景色を楽しむこともできる。とりあえず軽い気持ちでハイキング気分でも行ける所があるから。宮田村の近くから出発している駒ケ岳ロープウェイはさすが日本一の索道だけあり、標高2000メートル級の千畳敷カールまでものの10分ほどで運んでくれて、期待以上の景色を心ゆくまで堪能することができる。それは、例えばシンガポールのマリーナベイサンズの最上階のプールから眺める人工的なものではない、押し付けない良さがある景色だ。もう少し山登りを堪能したい方には、その千畳敷カールから岩場歩きを楽しんで宝剣岳に行ってもいいかもしれない。だが、こちらに行くには山を歩く気持ちとそれなりの装備をしておいた方がいいと思う。ここには、初心者からそれなりの登山者まで幅広く楽しめる霊峰が聳《そび》えている。

この辺りの気候で共通して言えるのだが、冬の冷え込みはかなり厳しい。確かに、中央アルプスと天竜川に挟まれる形で位置する宮田村も冬場になると最低気温でマイナス15度にまで下がることがある。まさしく芯まで冷える寒さだ。また内陸部の土地の特徴の一つだが、日中に局地的な熱的低気圧が発生して、夏は最高30度を超える気温にもなったりする。このお蔭で、この辺りの土地はごく稀に昼間、猛暑日になることもあるが（最近の日本では珍しくないかもしれないが）朝晩は比較的涼しく、快適に過ごせるそうだ。長野県はその点では、リゾート地と呼ばれる所も数多くある。だが宮田村は、あまり避暑地としてはあまり聞かない地域だ。もちろん、これだけ立派な自然が存在するのでそれだけでもいいと言う人はいるだろう。また貴重な光苔が自生していて早太郎伝説で有名な観光名所・光前寺が近くに存在しており、ここを訪れる人も少なくはない。ゴルフ場も近くにあるらしく、そういったスポーツを楽しまれる方々でも賑わっていると聞いたことがある。村には高い建物が見当たらない、極めてのどかな風景がただただ広がる、そんな所だ。だが、ここの良さに気付くのはもっと随分後になってからかもしれない。すごく大袈裟に言えば、もしかしたら何かかけがえのない大切なものを無くしたときに、やっとその価値を思い出すような気持ちに似ているのかもしれない。

こういった田舎では、なるべく自分のペースで行動するのがいいような気がする。できれば、車でゆっくりと景色を眺めながら移動して、気になった所があったらエンジンを止めて、ただ眺めているだけでいいようなそんな時間の使い方をしたい。行き当たりばったりで見かけた日帰り温泉に入るのも有意義なものだ。ただ絵葉書の様な山や川の景観を見ながら贅沢に何もしないのもいい。またお腹が空いたらその土地の名物料理も魅力的なものだ。ちなみに名物はソースかつ丼、五平餅とあるが、是非お薦めしたいのが信州そばである。特にいいなと思う蕎麦屋はちょっと奥まった所に建てられているのも多々あり、そういった所はいかにも滋味に溢れたものを頂けそうな雰囲気を醸し出している。そして、当たり前のように美味い。ここの蕎麦には蕎麦好きが求めるものが凝縮したような良さがあり、余分なものがそぎ落とされてでき上がった感動がある（ただ、蕎麦が無くなったら閉店のお店が多いので、お昼に頂きたいなら早めに行く事がお薦め）。蕎麦打ちの人はよく水の良い所で手打ちをしたいと言うが、ここ宮田村周辺の蕎麦屋にはわざわざこの地に赴いて開業している名店もあると聞いたことがある。確かにここの水は澄んでいる。流れている川の水もそうだが、水道の蛇口からでる水さえもひどく冷たくて気持ちがよい、いい感触があるから驚きだ。

ここでウイスキーづくりがされているなんて、以前は余程のジャパニーズウイスキー愛好家でないと知らなかったと思う。だが、目利きの利く人々からは「駒ヶ岳のウイスキーはいい」とよく聞いたことがあり、味わいには定評があった。当時はウイスキー不遇の時代だったせいか、なかなか知名度はイマイチだったが。しかし最近では、世界から注目される〝地ウイスキー〟の一角となったのは疑いようのないことであろう。

信州マルス蒸留所は、中央アルプス駒ヶ岳から流れる太田切川が横を勢いよく流れていて、標高798メートルという、およそ数あるウイスキー蒸留所の中でも、最も高い場所に存在している（ちなみにダルウィニー蒸留所が、標高1073フィート（約330メートル）でスコットランドでは最も高いところにある蒸留所の一つ

蒸留所の横を流れる太田切川

と言われている。また、日本にはもう一つ、白州蒸溜所が標高700メートル以上の所にある)。

この蒸留所は1985年にこの地で開設された。以前は山梨県石和にあったのだが80年代のウイスキーブームをきっかけに、もっとウイスキーをつくる環境に相応しい所を探して現在の場所に移設したとのことだ。そしてここを所有する本坊酒造は、かのウイスキーの父として名高い竹鶴政孝氏の摂津酒造勤務時代の上司でもあり、学生時代の先輩だった岩井喜一郎氏が勤め上げたところでもある。当時からアルコール連続蒸溜装置の研究をしており、岩井氏は蒸溜技術に対してはかなりのレベルに達していたと言われていた。またその時、竹鶴氏のイギリス留学を後押ししたのもこの岩井氏である。今でこそ、日本のウイスキーの父として名高い竹鶴氏だが、この岩井氏という存在が無かったら日本のウイスキー文化はあと何十年も発展しなかったかもしれないと言われている。しかし、名声が響くにはあまりにも仕事の成果が玄人好みだったかもしれない。とにかく岩井喜一郎氏という存在は、今のジャパニーズウイスキーの礎を作り出したすごい人なのである。

ところが、マルス蒸留所は80~90年代のウイスキー不況の煽りにより1992年にウイスキーの生産を休止。それから2011年までこの地ではウイスキーづくり

山梨県石和
1960年(昭和35年)に山梨県東八代郡石和町にウイスキー工場は新設されていた。

は一滴もされなかった。その休止中は、それこそ生産は止まっているものの、それまでつくられていたストックの原酒で細々と販売はされていたそうだ。

当時（マルス閉鎖中の時）、信州旅行のお土産に頂いたマルス蒸留所限定のカスクを知り合いのバーで頂いた時には、えらく感動したのを覚えている。

「こんなに美味しいのに、もうつくってないのか？」

そんなことを熱心に知人と話しながらあの時、そのピンとした形のボトルを不思議な気持ちで見つめ、ただぼんやりと無くなることに対してのちょっとした哀愁を感じたものだった。それから手に取る日本のウイスキーのつくり手の方々に関心を持ち始めて、時間を作っては各々のウイスキー蒸溜所を訪ねるようになった。勿論、マルスも当然のように興味があったが操業停止をしていると聞いて自分の中で〝あぁ、時間が止まってしまったんだな、そのウイスキーがつくられる現場は〟と少し寂しい気持ちが先行して何となく行きそびれてしまったのである。

そして時は経ち2011年、マルス蒸留所にてウイスキーファンには念願のウイスキーづくりが再び始まったのである。当然、僕も心待ちにしていたアクションだ。そして、ジャパニーズウイスキーが流行り始めた矢先、2013年にワールド・ウイスキー・アワード（WWA）にて〝マルス　モルテージ3プラス25〟が世界最高賞を獲得してから一気に世界的にその名が知れ渡ることとなる。それからはまさしくうなぎ登りで人気が出ている。個人的には素直に嬉しい反面、何とも複雑な心境になってしまった。

マルス蒸留所のウイスキー作業場の見学コースは建物の二階部分にあり、一階の正面玄関は売店兼見学受付をしている。その奥はフロアーになっており試飲ブースとなっている。とりあえず受付で見学の確認をして、ちょっと急な階段を上がっていく。上がると直ぐに通路があって、作業手順ごとに区分けしたステージがあり最も手前が麦芽の貯蔵庫になっている（残念ながら貯蔵庫は一般見学不可となっている）。中を覗くと大きな麻袋が所狭しと並んでいる。僕より一回り以上の大きさだろうと思われるこの袋には麦芽がぎゅと詰まっているそうだ。量は、一袋につき1トン。こんな袋が何個も置いてあるから圧巻だ。一工程ごとにフロアーが区分けされており、すぐ隣の部屋に糖化槽があり、また隣の部屋に発酵槽があってまたすぐの部屋に蒸溜釜が鎮座している。唯一、太いパイプで繋がっているが、ちょっと味気ない感じだ。ちなみにここの発酵槽は鋳鉄製で最近ではかなり珍しいタイプらしい。通常よくある発酵槽はホーローもしくはステンレス製のタイプか、木桶のタイ

糖化槽と発酵槽　小さなコンビナートのようだ

プだろう。使用される器具や道具にはそれぞれの時代背景が色濃く感じられるもので、ある特定の時代に作られた小規模の蒸溜所は、鋳鉄製のタイプが多く見られた時があったそうだ。

ウイスキーづくりはその時代によって道具も技術も変化していく。

〝色んな酵母があるのはウチの売りです〟

そう語るのは再稼働後から所長を務めるという竹平考輝さん。この宮田村の隣の市である伊那市出身ですごく親しみやすい雰囲気の人だ。今回のナビゲーターも所長自らがしていただけるという話だったのでかなり緊張して赴いたが、その気さくな性格にはついつい心が和んでしまう。話している竹平さんの顔からは笑顔がよく溢れているが、ウイスキーに対しての質問をさせていただくと、すぐに真剣な面持ちになるのが印象的だった。そしてフットワークが軽快。

竹平さんはウイスキー製造に入る前は、ビール製造部門の方を任されていた。今回の蒸留所再稼働にあたって、こちらのウイスキー部門も兼任することとなった次第だ。両方の仕事をこなすのはかなりハードだと思うし、ウイスキーづくりは今回が初めてなので大変そうだが、やりがいがあるようで楽しそうだ。竹平さんいわく、従来のマルスウイスキーの良さとこれからの新生マルスの斬新さを兼ね備えたものを今後、つくろうとしているとのこと。そのマイナーチェンジの一つに、様々な酵母を駆使してウイスキーづくりへの挑戦がある。ここには多様な酵母のデータがあって、今でも酵母の培養の研究には余念がないそうだ。「元の酵母はどこから持ってきたか定かではないのですが、本坊の底力がここにあります」と、竹平さんは息も荒く話してくれた。ウイスキーづくりではあまり知られていないことかもしれないが、蒸溜所によっては独自の酵母を使用していたり、また一般的なディスティラリーイーストを使用したりと実に様々なものだ。だがこれが原酒の製造工程では大きな役割を担っており、この保有している菌がそのニュースピリッツの持つ個性へと繋がっていくのだ。特にフルーティーな香味への、酵母と乳酸菌の貢献は計り知れない。マルス蒸留所は様々な菌を培養しているということは、即ち個性豊かな原酒ができるということを意味している。

また、ウイスキーづくりは最近始めたばかりなので、自己の中での確立されたセオリーが無いから改めて挑戦できるものがある、とも話していた。もしかしたら、今までは考えつかないような斬新なアイデアが出てくるかもしれない。

ここのポットスチルは岩井氏が竹鶴氏の英国で学んできた技術を参考に作り上げたと言われている。スタイルは典型的なストレートヘッドだが、是非とも注意深く見て頂きたいと思うのがラインアームの部分である。三角錐の様になっていて、ポットスチルから離れるほどに萎んでいるタイプだ。これは、溜液中の硫黄化合物を銅が吸収しやすいように考案された仕組みとなっており、なかなか類を見ない造りだろうと思われる（かの、余市のポットスチルに何となく似ている節があるのはその為）。

最近になり、ポットスチルは新品になったが（２０１４年秋に入替）、その技術をしっかり継承したものになっており、フォルムは以前と同じものを採用している（ちなみに以前まで使用していたポットスチルは敷地内に展示してあり、こちらはどこか古いシネマの一シーンの様に時間を感じさせる味わいのある色合いを醸し出している。その風合いには、なんか胸の奥がキュッとくるようなノスタルジックじみたものがある）。

新しいポットスチルはまだ金色に近い色を放ち自己の存在感をアピールしているようだった。フォルムは以前と変わらない。そこには味わいの伝統を継承しているようで何故か嬉しいものだ。とは言ってもただ形をフェイクしただけではない。新型の方にはサイトグラスが新しく付いたり加熱方式が変更したりと、ちゃっかり技術は近代的に向上している（建物内にある以前のポットスチルと間違い探しの様に見比べるとなるほどと思ってしまう）。

サイドグラス
ポットスチルのネック辺りにある覗き窓のこと。これを設置することにより、沸騰中の泡立ちの様子が確認できて内部の状態が確認しやすくなるとのこと。

加熱方式
これまでは銅製スチームコイルだったが、ステンレス製パーコレーターへと変更し、おかげで熱効率が格段に向上したとのこと。

外に展示されている旧ポットスチル

2014年から入替したポットスチル

まさしくこれからのビジョンがそのまま形となって見えるかの様でもあった。

そして、あまりお目にかかれないポットスチルの下部部品を見せてもらった（個人的には上部部品の艶やかなフォルムも素晴らしいと思うのだが、下部のごちゃごちゃした機械部品の方がなにか変形しそうなロボットの様で堪らないのである）。

「あまり見る機会は無いですよね」と竹平さんも得意げに説明してくれた。

場所を移動して試飲コーナーへと赴く。ビールタンクがガラス越しに見える広々としたステージの様なホールだ（信州マルス蒸留所はビール工場も併設されているから勿論ビールも頂ける。ここは二度美味しいものがあってなにか得した気分になる。ただし、飲み過ぎには注意）。


まだ色々と説明していただける中、試飲ボトルに目をやると……

マルス　ツインアルプス　40％
マルス　駒ヶ岳3年　２０１１　ザ・リバイバル　58％
マルス　駒ヶ岳3年シェリー＆アメリカンホワイトオーク　57％

この三本がスッと目に入ってきた。どれも堂々と鎮座している。不思議なことに順序良くウイスキー製造工程を説明していただいていると無性にここで飲みたくなるものだなと思っていると〝味見してみますか？〟と竹平さんから救いの声が響いた。卑しいかもしれないがこの時は本当に良い人だなっとしみじみ思った。

〝駒ヶ岳3年　ザ・リバイバル〟は蒸溜再開から3年後の2014年に限定販売された一本。スコットランドでのウイスキーの最低熟成年数まで待ったものだ。まだ若さを感じるパワフルさと麦芽の甘い香り、年数以上に感じる余韻が再び出会えたマルスウイスキーへの喜びをひとしお盛り上げる。ただこの軍神マルス、勢いがすごいのでそのままで頂くよりも少しの加水でさらに優雅に味わえる気がする。

次に〝駒ヶ岳3年　シェリー＆アメリカンホワイトオーク〟を味わう。これはザ・リバイバルの次に限定販売されたものであり、まったく違う性質の樽を使用しているから、ザ・リバイバルと比較していただくと個性が分かりやすいと思う。ボディはちゃんとアンバーカラーくらいにはなっており、酌み立てはちょっと硫黄臭が感じられるが、少しの時間を経てちょっとしたベリー系のフルーティーさと木樽由来のビターな甘い香りがあり、味わうと思ったより程よくバランスの取れたものと感じられた。最後にゆっくりと二つのアルプスの雄大さをイメージしたブレンデッドウイスキー、〝ツインアルプス〟を静かに味わった。柔らかな口当たりにバニラやクッキーの様な甘さ、熟したフルーツの二つの香りが一体となった豊かな芳香と、穏やかな余韻がウリと言われていた。なるほど、確かに優しく包んでくれる味わいだ。これならトワイス・アップにもいいだろうし、ソーダで割ってもいいだろうなと思われる。親しみやすい味わいのこういったウイスキーは往々にして飲み過ぎてしまうことがあるので困ってしまうが。

ツインアルプスを幾分か味わう快楽に漂っていると今度はいたずら顔で〝ちょっとした遊びをしてみましょうか？〟と竹平さんがニヤッとしながら何か準備をし始めた。何だろうと少しの不安と沢山の期待感で心待ちにしていると、程無くしてテイスティンググラスが二杯差し出されてきた。どちらも見た目はほとんど変わらない。「どちらのグラスにも一滴ずつ違う原酒を入れました。どうでしょうか？」と、見た目はどちらも大差ない色合いだ。僕は幾分か緊張してグラスを持ってみた。こういった時はミステリー小説でも読むかのような緊張感がそのグラスには詰まっている。そのトリックを紐解いていく時みたいにかなりスリリングな心持になる気が

ブレンデッドウイスキー
大麦麦芽のみからつくる〝モルトウイスキー〟と、トウモロコシと大麦麦芽を混ぜてつくる〝グレーンウイスキー〟をブレンドしてつくるウイスキーのこと。こうやってできるウイスキーは適度なコクと穏やかな味わいを兼ね備えたものとなる。

トワイス・アップ
ウイスキーと水の比率を1対1にして水を入れずに味わうスタイルのこと。これをすることにより、ウイスキーの香味成分は判りやすくなることが多いし、何となく通っぽい感じも良い。

してくる。果たして僕に、たかが一滴ずつで何かの違いが感じ取れるのだろうかと思いながらグラスにそっと鼻を近づかせてみる。だが、結果は驚くほどに違うステージにある、まったく性質の違う匂いを体験することができた。一つのグラスからは甘い匂いと木香の優しいタッチが鼻腔を擽るが、もう一方からは挑戦的なスモーキーさとハーブのアロマが感じ取れた。目には見えないが、そこにはそれぞれ性質の違う何かが確実に存在し、刻印の様に鮮明に残るように。どうやら片方には、通常に使用する原酒を入れ、もう片方には今、試験的に仕込んでいるフェノール値の高い原酒を入れたのだそうだ。「これがブレンドの醍醐味です、その数パーセントや一滴のウイスキーの個性だけでも劇的な変化が生じます」と楽しそうに語る竹平さんがそこにはいた。その笑顔にはある種の悪戯じみた雰囲気もあったが、確かに職人の風格の顔も一緒にあった。まるでジャズ好きが言葉のイントネーションは似ているがまったく違うスタイルのハード・バップとビ・バップについて熱心に説明している時に似ていると少しだけ思った。しかし、たかが一滴でもこんなに違いが出るという、ブレンディングの楽しみを少しだけ体験してしまったことには大変な幸福感を感じられた。本当に素晴らしい経験だな、ほんとうに。

フェノール値
スモーキーでピーティーな風味を出すフェノール化合物のことを数値で表したもの。このレベルはppm（100万分の1）という化学で使用される標準的な単位で表され、この数値が大きいほどアイラモルトのイメージに繋がる人が多い気がする。

竹平さんはマルスのウイスキーを味見している僕に、少しだけこの先のことを話してくれた。

「将来的には〝これぞ、マルスウイスキーだ〟と個性を感じてもらえるウイスキーをつくりたい。理想を言えば、どこにもないウイスキーだが、人々に受け入れられるマルスらしいウイスキーを考えたい」と竹平さんは目線を少しずらして、まだ見ぬこの先の困難な道のりを見るような難しい顔つきで話してくれた。確かに言っているそういった過酷さが付きまとう道のりであろう。オリジナリティーを高めたうえで、万人に受け入れてもらえるような平坦さも欲しいと言うのだから欲張りなものである。でもウイスキーというものは不思議な存在感と魅力がある。それは、ウイスキーというお酒のジャンルは同じでも、同じウイスキーは無いというところだ。どのウイスキーを飲んでもちゃんとしたレゾンデートルがあるが、それが果たしてつくり手の意思に拠るものかは、もしかしたらそれが誰も知りえない魅力かもしれない。何故なら、良い原酒はつくりだせても、その後の熟成では自然がつくり出すものだから。「ビールは3週間で答えが出ることもあるが、ウイスキーは最低3年かかる。人は一週間で原酒をつくるが、あとは自然任せになる。自分達も自然の一部だから、この自然がつくる環境と人間は上手く付き合っていかなくては

ならない」

竹平さんは、ビール醸造にも携わるので、ウイスキーづくりにはまた違う価値観で見える時があるのだろう。

「毎日、何かしらの問題がある。今日は気温が高いせいか、ウォッシュ（もろみ）がなかなか応えてくれないんだ。例えば、麦汁というものは気温が高くなると酸度が高くなって上手くいかない時も多いからね。また、ミドルカットもその時によって差がすごくある。だから毎回手作業でも一つ一つを丁寧にこなしていかないといけない。本当に、昨日と同じことが今日はまったく通用しない。毎日違う気温で、違う一日だから毎度違う工程を考えなくては上手くいかない。だから、試行錯誤を毎日行う。そして今、常に何がベストか自分の中で考えるようにしているよ」。聞いているだけでも大変そうだ。

また、「この宮田村は寒暖差が最高で30度近くもあるので、エンジェルズ・シェアの調整を考えないとすごい

エンジェルズ・シェア
樽に貯蔵した原酒（ウイスキーなど）が自然に蒸発し、量が減ること。揮発したウイスキーが天にのぼり、天使たちがワイワイと飲んでいるといったロマンティックな例えだが、天使は意外に大酒飲みだ。

ことになるんだ。例えば、仕込みの原酒は度数60度で樽入れすると蒸散する割合が多くなってしまう。これは、コストや求めるテイストにかなりの影響を与えかねないことだ」と竹平さんは、常に色々と考える。最近のモルトウイスキーは65度以下の仕込みが多いが（稀に65度以上で仕込むつくり手もいる）、その土地に合わせたウイスキーづくりで挑まないといけない。この土地の気候はじゃじゃ馬でも乗りこなせばウイスキーにとって素晴らしい熟成感を与えてくれる。「だがお蔭で、ここの環境は凝縮した時間をウイスキーにプレゼントしてくれる。もしかしたら早い段階で美味いものができるかもしれない」と話す竹平さんは、けっこうポジティヴなタイプなんだろう。確かに、ここまで寒暖差が激しいと、原酒と木樽に対するアクションは激しさを増す可能性がある。もしかしたら世界的に見ても、ここまでの環境下でのウイスキーづくりは稀なのかもしれない。だから、その分だけチャレンジすることは次に繋がる。

また、熟成庫についてもアイデアが尽きない。「本社の本坊酒造には、本坊家のルーツでもある鹿児島県南さつま市に石蔵があります。もしかしたらそこでウイスキーを熟成させてみたりしても面白いかもしれません。また屋久島にも倉庫があるので、そこで熟成させたらアイランズのようなキャラクター性が感じられる原酒ができる

アイランズ
スコットランドのアイラ島を除いた諸島でつくられるモルトウイスキーのこと。それぞれの島での風土も相まってか、とても個性的なウイスキーばかりだ。

かもしれない」と竹平さんは意欲旺盛な姿勢だ。でも、これが実現したらかなりユニークなウイスキーができるだろうと思われる。ウイスキーはその熟成庫の場所や保管方法に影響を受けやすいことを考慮すると、このアイデアは飲み手にどれだけのことが伝えられることができるだろうか。また、樽の選定も考慮したら可能性はかなり広がるだろう。とても待ち遠しいことだ。その土地の自然なアロマが生まれ、いつかは僕達の待ちくたびれた喉を潤してくれるのが本当に、とても待ち遠しいことだ。

次にここの熟成庫を訪れてみた。通常の見学コースに常時開放しているからか、室内は思ったより結構明るかったのが印象的だった。ただ中の設備等には関係なく、どの蒸溜所に行っても感じることだけど、熟成庫が持つ独特の空間は不思議な気持ちにさせられるものだ。静と動で言うなら確実に〝静〟の方だろう（一方、蒸溜までのアプローチは〝動〟だと勝手に思っている、僕は）。何か揺るぎないものがそこにはあって、とても厳粛な何かを祀ってあるような、そんな神妙な気持ちにさせられていくようだ。ゆっくりと穏やかな気持ちになっていくのは、きっとここだけ時間の流れ方がいつも生活している所とは違うからだろう。ちょっと埃っぽいが、木樽に入っている原酒の呼吸が季節ごとにゆっくりと繰り返される。エタノールの確かなアロマは、お酒の苦手な人にとても辛い試練を与えるだろうが、僕にはここは静寂な樽の森に囲まれた心地よい空間なのだ。

マルス蒸留所の熟成庫はラック式を採用していて、僕の背丈以上に樽は積んである。コンクリートの幅は通路だけに限定して、下部に設置してある木樽の下は、アンバランスに土が剥き出しとなっている。だが、この土が見えているだけで中の湿度に影響が出てくる。

「上に積んであるのと下に置いてあるのとでは熟成感が違いますよ」と竹平さん。確かにダンネージ式だろうが、ラック式を選択しようが年平均の庫内温度はどちらも同じだ。しかし、この場合の樽の保管での高低差は確実に温度差の開きが生じる。このマルス蒸留所はただでさえ寒暖差が30度以上も差があるのに、その上床面と天井近くの樽は数メートルも違うのだから、樽の呼吸も調子は決して一定ではないだろう。また、庫内の通気口もウイスキーの熟成には大した名脇役となる。その空気の通風により温度・湿度の調整をしているので、たまに扉が開いたままになっていることもある（大抵は見学者がうっかりして、扉を閉め忘れただけだが）。

「今、第二熟成庫も建設中ですよ」と竹平さんは教えてくれた。原酒の確保するスペースが無いと折角のつくった原酒もままならなくなる。「第二熟成庫もラック

辛い試練
熟成庫に入るとエタノールが蒸発しているからか、とてもアルコールを感じるものだ。なので、お酒の苦手な人ならこの空間にいるだけで酔ってしまうかもしれない危険性がある。

式で考えています。同じラック式でも第一熟成庫と比較すると原酒にどんな味わいが練り込まれるか楽しみです」。果たしてここで見る琥珀色の夢はどんな物語があるのか、いつか出会ったときにそっと聞きたいものだ。

マルス蒸留所からウイスキーが復活するということはどういうことだろう。今まで蒸溜設備を取り壊さずに、この地ウイスキーの復活を待ちわびていた愛好家の為に、また再び稼働することに……というと、とてもセンチメンタルな気持ちになるが、実のところはウイスキーブームがきっかけで蒸溜再開というのが正解だろう。本来、ウイスキーというのは文化であり、主観的で、嗜好性の高い、傲慢な、人の弱い部分を持ち、時間をその液体に閉じ込めた、儚い夢のような、現実とは逆の存在である。しかし、今やウイスキーは流行になりつつありそうだ。科学的な観点からも、物理的な時間経過による恩恵からもウイスキーは研究されている今、もうすでに立派な商品だ。竹平さんは自身のウイスキーに対しての哲学をポツリと話した。

「資本主義は文化を生み出すには希薄な部分がある」。現場に携わる人の言葉はとても重い。これはマルスウイスキーの今を考えさせられる背景の意味がありそうだ。

マルスは十数年もの間、沈黙を続けてきた。理由は至ってシンプルだが、内容は複雑さを伴うものである。結局のところ、時代に合わせて〝美味しいウイスキー〟

をつくることを人々は求めている。だが、そこにウイスキーの矛盾が生じる。何故なら、ウイスキーというものは、過去があり、時間と環境が混ざり合い、今に繋がってやっと味わえるものだから。そもそも人間には流行りはあるが、自然にはまったく関係のない話だ。共通しているものは流れる時間のみ。だから、ウイスキーをつくる人々は現在のできる限りのことを尽くして未来を見据えなくてはならない。しかも実に真摯な行動で。

「今のウイスキーは極端ことを言うなら、資金が潤沢にあればまさしく理想的なものがつくれるかもしれない。例えば環境設備を人工的に行い、機材や木樽の素材にもこだわってつくり上げることが可能なら、皆が求めている最高のウイスキーができるでしょう。だが、現実的には無理な話なので、色々な工夫が必要となります。それに問題があるから面白いんですし。だからこれからのマルスはこれまでの蒸溜所にあったセオリーなどにとらわれずに挑戦していこうと考えています。そういう新しきことに進取の気持ちで臨みたい。それによって大袈裟に言うなら、(ウイスキーを飲む)文化を作っていきたいと考えています」

この人もある意味、職人だ。職人とは、確固たる信念がなくてはならない。ウイスキーには、足して味わえるものと引かれて深まるものがある。

年月が得るもの、失うものは比較のできない営みだ。マルス蒸留所の19年の一時閉鎖というのは、もしかしたら新しきマルスの出発ができたという点ではよかったことかもしれない。だが、その間は原酒を仕込むことができなかった。それは、一つのカルチャーを失ったという大きなマイナスかもしれない。しかし世界には惜しまれつつも閉鎖する蒸溜所が沢山ある中、復活することも稀にある。その年月の営みも全てその蒸溜所の〝熟成〟となって一つの味わいになるのなら、今回のウイスキーブームはとても素晴らしい瞬間を迎えたこととなるだろう。

最後に僕は、できればこの長野県の宮田村という素晴らしい自然に囲まれた所でつくられていることを知ってほしい。その原酒が、700ミリリットルのガラス瓶に詰められて、今あなたの手元に届くというお手軽さがこの世の中の良い所だが、できれば蒸溜所の横を流れる川や周りを囲む山々の景観を見て欲しい。そのウイスキーの生まれた素晴らしい土地を知ると、さらにそのコクと余韻は美味しさを増すだろうと思う。何故なら味わいというものは心の中に残る情景からも楽しめるものだから。

―― 信州マルス蒸留所　ボトル紹介 ――

マルスは、山岳の名を取ったシングルヴィンテージが目立つがご当地限定のブレンデッドウイスキーもよく販売されているのを見かける。是非ともその土地に赴き、そのウイスキーを頂きたいものだ。とりあえず限定でリリースされたボトルを一部紹介。

(掲載されている限定ボトルはすでに販売されておりません。ご了承下さい)

●マルス　モルトギャラリー1988

25年（1988～2014年瓶詰）度数58％　カスクタイプ：アメリカンホワイトオーク

●マルス　モルトギャラリー1986

25年（1986～2012年瓶詰）度数58％　カスクタイプ：シェリー

●マルス　モルトギャラリー1991

18年（1991～2009年瓶詰）度数58％　カスクタイプ：アメリカンホワイトオーク

◎蒸留所内で限定販売されていたもの。容量も小さかったのでお土産に最適だった。

●THE REVIVAL 2011
シングルモルト駒ヶ岳

限定6,000本（2011～2014年瓶詰）度数58％　カスクタイプ：バーボン（200ℓの樽25樽分）

●シングルモルト駒ヶ岳
シェリー&アメリカンホワイトオーク2011

限定5,700本（2011～2014年瓶詰）度数57％　カスクタイプ：アメリカオーク&シェリーカスク

◎2011年からマルス再稼働の記念すべきファーストボトリング。ここから新しい伝統が始まろうとしている。

●マルス　モルテージ〝越百～こすも～〟

タイプ：ブレンデット　度数43％　◎中央アルプスに連なる山の一つである「越百山」から命名。宇宙を連想させる越百（コスモ）という呼び名から、中央アルプス山麓にある信州マルス蒸留所から見上げる夜空をイメージしたラベルデザインとなっている。

●シングルモルト駒ヶ岳 善光寺記念ボトル

限定1,200本　度数57％　カスクタイプ：アメリカオーク&シェリーカスク　◎善光寺御開帳の記念ボトル。中身はシェリー&アメリカンホワイトオークと一緒。

●駒ヶ岳 モルテージ 10年
度数40％　◎以前の駒ヶ岳10年のスタンダードボトル。ダンピーデザインでワインカスクのタイプも販売されていた。

●駒ヶ岳モルテージ　10年
度数40％　◎違う時期に販売されていたスタンダードボトル。こちらは幾分かスマートなデザイン。

●駒ヶ岳　樽出し原酒　1986
限定402本（1986〜2006年瓶詰）度数60.5％　カスクタイプ：シェリーカスク

●駒ヶ岳1988
限定593本（1988〜2009年瓶詰）度数46％　カスクタイプ：シェリーカスク

●駒ヶ岳1989
限定430本（1989〜2006年瓶詰）度数60.1％　カスクタイプ：アメリカンホワイトオーク

●駒ヶ岳1988
限定394本（1988〜2013年瓶詰）度数59％　カスクタイプ：シェリーカスク　◎その蒸溜された年数を見ると感慨深くなるものだ。今日はちょっとだけグラスに酌んだウイスキーの分くらいは過去を振り返ってもよいかなと思ってしまう。

●駒ヶ岳　ネイチャーオブ信州　"竜胆"52%

限定8,200本　タイプ：シングルブレンド　◎若く躍動感のあるモルト原酒を主体に、信州の恵みに感謝し、自然が織りなす新旧モルトの調和をボトルに込めたシリーズにあたる。この1stリリースのテーマは、青紫色の美しい花を咲かせる山野草の代表、長野県の県花「竜胆（リンドウ）」がイメージ（ラベルの絵「竜胆」は、植物細密画家・野村陽子さんの作品を使用）。2012年蒸溜のモルト原酒に20年以上長期熟成された古酒をヴァッティング。香りは柔らかくモルティーでドライフルーツのような熟した果実のような甘みを感じる。味わいは深みのある豊かな調和のとれたバランスの良さを楽しめる。

●ウイスキートーク福岡2015　オリジナルボトル
マルス蒸留所"太陽と鳳凰"
（2012〜2015年瓶詰）度数59%

●ウイスキートーク福岡2015　オリジナルボトル
マルス蒸留所24年　天体観測シリーズ3rd　MARS〜火星〜
（1991〜2015年瓶詰）度数58%

ウイスキートーク福岡にて販売された限定ボトル。イベントの実行委員会「クラブバッカス」のメンバーが直接信州マルス蒸留所を訪問し、数あるサンプルの中から選定し、蒸留所スタッフも「ちょっといいの出しすぎちゃったかな？」とポロッとこぼしてしまうほどの原酒を選定。ラベルデザインは、信州マルス蒸留所の復活をイメージし鳳凰を採用。

●駒ヶ岳　シングルモルト22年

限定1,359本　度数43%　カスクタイプ：アメリカンオーク＆シェリーカスク

●駒ヶ岳　シングルモルト24年

限定120本　度数58%　カスクタイプ：バーボンバレル

◎熟成庫の奥から見つかった樽を瓶詰したもの。熟しすぎた感がする、と竹平さんは言っていたが、個人的にはこれくらいのボディでのオーキーな感じは好みだ。

●マルス　モルト　ギャラリー1991
(1991～2005年瓶詰) 度数58%　カスクタイプ：アメリカンホワイトオーク　◎このタイプのマルスウイスキーは当時（2005年くらい)、蒸留所に行ったら山ほど積んであったのを覚えている。今思うと、惜しいことをした気がする。

●マルス　バーテンダーズ・チョイス
ワインカスク・フィニッシュ
度数46%　タイプ：ブレンデット　◎熊本のバーテンダーの方々がセレクトしたブレンデットウイスキーを、シャトーマルスの穂坂日之城農場産赤ワインに使用した空き樽に入れて一年以上追加熟成した限定ボトル。

●マルス　アンバー　ブレンデッドウイスキー
度数40%　◎シェリーカスクの原酒を主体にブレンド。個性的なボトルが当時は多かった。

●都電ウイスキー〝川の手ウイスキー 都電エクセレンス〟
タイプ：ブレンデット　度数39%　◎下町の情緒感ある都電荒川線は、時を経て人々に愛され続けている都電で、時間を経て味のある雰囲気はウイスキーに類似するところがある気もする。

●マルス　モルテージ3プラス25　28年
限定3,800本　タイプ：ピュアモルトウイスキー　度数46%　◎マルスウイスキーは、1949年に鹿児島で誕生し、山梨を経て長野へ。 このモルテージは、鹿児島と山梨より引き継いだ3年熟成のモルト原酒を、長野の地で再び25年間樽熟成したピュアモルトウイスキーにあたる。ワールド・ウイスキー・アワード（WWA）2013にて世界最高賞を受賞。

明石の君に会いにいく

（江井ヶ嶋酒造・ホワイトオーク蒸留所）

江井ヶ島という名には二つの由来があるらしい。まだこの地が江井ヶ島ではなく〝嶋〟と呼ばれていた時のことだ。一つは大僧正として名高い行基《ぎょうき》がこの地に、魚《うお》住《ずみ》の泊《とまり》（摂藩五泊の一つ）という港を築いた時のこと。この入り江に巨大なエイが入り込んでしまい村人が困っていたところ、行基がエイに酒を振舞うと、満足して帰っていったという逸話がある。この〝エイが向かってくる嶋〟という昔話が短縮して江井ヶ島と呼ばれるようになったということである。そしてもう一つが、また行基が関わる逸話だが江井ヶ島に掘った井戸水の話。この辺りは昔から西灘《にしなだ》の寺水と呼ばれる名水が出ることで知られており、これを〝ええ水がでる井戸のある嶋〟と言っていて、これが短縮して江井島となり現在の江井ヶ島になったという話。どちらの言い伝えにも行基の名が出てくるのが大変興味深いところだ。そして、この両方の説から想像できることがある。それはこの辺りはすいぶん昔から名水が湧き出て、漁港として栄えていたということである。また歴史深い話が数多く残っているのも面白い。

　漁港としては、現在でも播磨灘は海の幸で溢れている。ここの海は流れが速くて天然の撹拌状態にあるので、酸素を良く含んだ海水でプランクトンも豊富。食べる餌も良く魚も程よいトレーニングができるので、当然の様に身が締まって美味くな

行基
奈良時代に僧大乗仏教の菩薩道を苦難に耐え生涯を通じて実践した仏教僧であり、日本最初の大僧正となる。布教活動の他にも農業用の池や溝を作ったり、道を拓いたり、橋を架けるなど、民衆を導いて土木事業も進めたりと社会事業にもかなりの貢献をしたスゴイ人。

る。この地でのブランドでも名高い鯛やタコは、ここを訪れたなら是非とも一度は味わいたいものだ。お手軽にならば、まずは明石焼きがお薦めだ。ただ、凶暴なくらいに熱いから、食べる時はゆっくりといきたい。また刺身や寿司もいい。その時はできれば焼きアナゴは外したくないものだ。地元の素朴なものなら、いかなごのくぎ煮を摘まむのもお薦めである。地元の人も家庭の味わいと季節を思い出す食べ物だと、懐かしさを込めて話す愛すべき郷土料理だ。個人的にはクリームチーズと混ぜて食べるのが好みである。

だが、ここの海の魅力はそれだけではなく、眺めも大変素晴らしい。目の前に見える淡路島を繋ぐ明石大橋は、世界で最も長いつり橋という特徴もさることながらデザインがいい（ちなみに瀬戸大橋は、鉄道道路併用橋として世界最長）。その美しい海原を横切るそのフォルムはまるで、一つの完成され過ぎたポストカードの様に、とても絵になる凛々しさを感じられる。特に夕日と一緒に映るシルエットはジェリー・マリガンのソロ演奏のようだ。心に、静かに沈みゆく太陽と共に浸みこんでくる。また、夜の月も素晴らしい。ここで粋な歴史が数多く残っている中の一つとして、〝明石の名月〟と称されて親しまれてきたようだ。飾り気がなく、月や夜の暗闇が立体的に感じられて、広々とした心持ちで眺められる景色はとにかく素晴らし

ジェリー・マリガン
ジャズ・ミュージシャンでは珍しいバリトン・サックス奏者。しかし、ピアノの腕前も素晴らしく多彩な才能を持った優れた演奏者である。

しい。まるで、シンプルな演奏だが間の取り方が絶妙なアーマッド・ジャマルのプレイの様だ。万葉の歌聖・柿本人麻呂も気に入ったらしく、この地で言の葉を紡いでおり、また俳聖・松尾芭蕉もこの辺りに訪れており、人生の儚さを詠んでいる。こういった歌人は、大体が神社・仏閣で祀ってあるから、巡って悠久の時と風流を共に訪ねるのも楽しいかもしれない。ここは年間を通して温暖で過ごしやすく降水量も少ないので、散歩するにはもってこいだ。だがこの土地は、知的で奥ゆかしく景色も艶っぽいだけではない。この潮風が強く吹くこの海の近く、江井ヶ嶋酒造が経営するホワイトオーク蒸留所で地ウイスキーはつくられている。

この江井ヶ嶋酒造の創業は１６３７年（延宝7年）という歴史ある西灘の日本酒造りの雄で、清酒〝神鷹《かみたか》〟がメジャーブランドである。間違えやすいがここの酒造は〝江井ヶ島〟ではなく〝江井ヶ嶋〟と書く。佇まいが古風で、蔵元は木造の黒塀でデザインされており、渋さを滲みださせている。だがこれは実用性も兼ねていて、海の近くの建物はすぐに潮風で傷むので少しだけ表面を焼いてコーティングをしているのである。また、最初に一升瓶で日本酒を販売したことでも有名だ。これは当時（明治32年）、日本酒の模造品が横行し過ぎた為に、当時の社長が業界で初めて

アーマッド・ジャマル
ジャズの帝王マイルスが共演を望んだほどのすごいピアニスト。合いの手の様に入る左手のブロックコードが作り出す独特のリズム感はついついお酒が進むから困ったものだ。大の飛行機恐怖症という面も持つ。

手作りガラスによる製瓶工場を併設し、瓶売りしたのが始まりだそうだ（当時といえば日本酒の容器は、樽と徳利での量り売りが主流だったので、中身だけを入れ替えて販売する偽造品は多く出回ったらしい）。このアイディアは、偽造品を未然に防ぐと共に、品質保持の面でも優れていたので、瞬く間に清酒業界全般に一升瓶という文化が広まることとなった。この経緯からも伺えるように、先駆的な視野も相当に持っていたと思われる。またそれは商品にも表れていて、日本酒のみならずにワイン、焼酎に味醂なども手掛けるようになり、次第に総合酒類メーカーとなり規模を拡大していったようだ。ここは従来から〝日本酒メーカーは日本酒のみにあらず〟という柔軟な思考を持って職務に励んでいたという。常に新しいことに向かうベンチャー精神は今でも見習いたいものだと思う。そしてその時間の歩みの中、先見の目で1919年に舶来酒・洋酒ブームに先駆け、とうとうウイスキー製造免許を所得することとなる。この時、ブランドネームの〝ホワイトオーク蒸留所〟の伝統が静かに始まったのである。

だが、戦前である当時は未だシングルモルトという舶来酒の文化は無く、いわゆるイミテーションウイスキー（合成ウイスキー）の時代の中、ここホワイトオーク蒸留所も当然のように手探りでウイスキーづくりをしていたろうと思われる。そしてこの時は、まだ自社でのウイスキーの製造ができる段階ではなかったようであった（そもそもポットスチルなどの蒸溜設備もなかったらしい）。１９１９年と言うと日本のウイスキーの父・竹鶴政孝氏がちょうどスコットランドに留学へと旅立ったと言われる年である。当然まだこの当時の日本は、ウイスキーに対しての知識は明るくなかったろうと容易に想像できる。香料や着色料、合成アルコールなんかも使用してのイミテーション生産の中、ここホワイトオーク蒸留所も色々な試みをしてのウイスキーづくりをしていたかもしれない。今や、当時のウイスキー製造についての資料も残っていないので、あくまで想像の域でしか話せないが。それはまるで古いシネマで観ることしかできない古き良き時代を勝手に想像するしか術がないことに似ているだろう。しかしそれでも、まさしくこれから始まるであろう日本の戦前時代からのウイスキー文化の土台の一部分であったことは確かな事実だ。戦前の時期、まだ洋風のお酒であるウイスキーは高級品であったし、何より食文化の違う当時の日本人には初めて経験するようなものだった。お蔭で、日本のウイスキー文化はなかなか広まることはなかったそうだ。が、戦後１９５０年代から徐々に花開くこととなる。少しずつ洋風文化も入り始め、日本が活気づいてきた矢先のことだ。大手メーカー酒類会社がけん引したお蔭もあり、豊かさの象徴として時代は少しずつウイスキーを求め始めるようになったのだ。そして1950〜60年代はまさしくウイスキーは〝憧れ・出世した証のお酒〟の代名詞となり、世間に浸透していった時代となる。まだ税制的に高価だった輸入ウイスキーの代わりに日本のウイスキーは注目され（日本のウイスキーの方が若干安価だった為）、皆がこれに関心を持つようになった。この時代の風に乗り、江井ヶ嶋酒造の地ウイスキーも売上が徐々に上がったらしいが、残念ながらこの周辺の関西地区では大手メーカーのウイスキーに人気が集まり、あまり売れなかったらしい。さらに高度経済成長時代に入り、日本のウイスキーでも値段の張るものを希望する人が増加するようになり、大手メーカーの高級ウイスキーは拍車がかかる様に売れたようだ。この時は、江井ヶ嶋酒造のウイスキーももれなく売れた。ではどこで売れたかというと、意外にも関東地方から北の、北関東・東北地方の方面で売り上げの数字が、まずまずだったとのことだ。主な理由としては〝値段が安価だったから〟と今は考えられている。確かに日本酒・焼酎に比べると度数も高く、すぐに酔えて、しかもハイカラだったので、ブルーカラーの飲み手には歓迎すべきお酒のジャンルだったのではないだろうか。出稼ぎ労働者の人でも何とか購入できる価格帯での販売は現在でも同じで、これはできる限り様々な人々に自社の商品を飲んでほしいという創業者の想いが込められたプライスだという。だが、1980年代初頭にこの洋酒の代名詞であったウイスキーブームに陰りが見え始めてくる。俗にいう焼酎ブーム、すなわちチューハイが市民権を得た時期なのである。また、1989年の税制改正により輸入ウイスキーの価格が安価になり、今まで高嶺の花だったものが安易に入手できる時代がきたのである。様々な理由が重なり、とうとうウイスキー不遇の時代へと変化していくこととなった。

だが、江井ヶ嶋酒造は本格的にウイスキーづくりに対して蒸溜所を竣工したのは1984年とのことである。今でこそ、ここの樽熟成と蒸溜作業は異なる場所でこつこつと行われているが、当時は全ての工程を一か所でまとめて作業が行われていたので、改めての施工は本腰を入れてのウイスキーづくりをしようとした決意の表れだったと思われる（普通は、作業場所と熟成庫は別々にしようと考えるのが妥当である。製造工程の一つ一つに対する知識があれば、それなりの場所を確保することの大切さは分かることだろうが、当時はまさしく〝手探り〟でウイスキーに向き合っていたのだろうと考えられる）。これからの時代を見据えての施工だったのだが、結果的に時代はウイスキーを見限ることとなった、まさしくそんなタイミングの悪い時だった。1990年代に入り、徐々にウイスキー生産を止める所も増えていく。

大手メーカーでさえ、ウイスキー生産に規制を敷いていた時だったが、それでも江井ヶ嶋酒造は少量ではあるが必要な分だけの生産は定期的にしていたという（だが、それ以上の余裕はなかったので、長期熟成しておく為のストックの原酒は確保されていなかった）。理由は実にシンプルで、「求める消費者が一人でもいればその商品の価値はある」だそうだ。他の商品も作っていたので、それで売り上げはカバーしていた所もあったと思うのだが、その商品に対する愚直な精神は個人的に好きな心持ちだ。何となく思うのだが、買い手を想う気持ちで、この地ウイスキーは続いてきたのだろう。

現在、設置してあるポットスチルは銅製なのだが、幾分かクラシックな形をしている。１９５０年以前に使用されていた軽井沢蒸留所（今は完全閉鎖）のポットスチルに幾分か似ており、当時の時代背景を忍ばせる佇まいだ。また、ポットとヘッドの部分はどうやら別々の物をくっ付けて造られたようで経年劣化も部分ごとに違うようである。話に聞くと、とある某蒸溜所の中古で、ヘッドとアームだけは残念ながら使用できなかったので取り替えたという。何となく、異なるこの色合いや形を見ると、オズの魔法使いに出てくるブリキのロボットのようでとてもシュールだ。それ以前は、奈良県で、以前稼働していた蒸溜所に設置してあったポットスチルを

軽井沢蒸留所
１９５５〜２０１１年までメルシャンが所有していたモルトウイスキー蒸溜所。ゴールデンプロミス種麦芽とシェリー樽、ノンピートなどにこだわり惜しまれつつも完全閉鎖した。

使用していたらしい。今、その役目を終えたポットスチルは蒸溜所内にひっそりと哀愁と疲弊した雰囲気を残して片隅に展示してある。どちらのポットスチルもコンパクトでミニマムなのは同じだ（ちなみに新しくポットスチルを設置しても、形や大きさを変更する蒸溜所は余程の大きな理由がない限り、無いと思う。なぜなら、それによって味わいが変わってしまうのを嫌うからだ。ポットスチルはそれだけ世界観があり、蒸溜技術の結晶であって、繊細で歴史の味わいの継承なのだから）。

発酵槽もステンレス製で、まとめて眺めると小さなコンビナート工場のようである。どれもサイズが大きくなく、一回における仕込みの量は多くはできないだろうと考えられる。

例年を通してほぼ、この場所では何かしらのお酒は造られている。メインは、10～3月の日本酒造りで、その後に焼酎、ウイスキーと続いていき、また10月になって日本酒造りが始まる。ここではとても規則正しく動く手入れの行き届いた懐中時計の様に、酒造りが繰り返される。だが、日本酒をメインに仕込みをするのでどうしてもウイスキーの仕込み期間が短く、しかも夏場近くになるのはとても大変そうだ。あの蒸し風呂状態の中、さらに外の気温も高いとなると余程のスタミナが要求されることとなるだろう（どこの蒸溜所のスタッフも、ウイスキーづくりは体力勝

ポットスチルの一部

負だと言っていたし、みんな体がスリムだ。そういったダイエット法でサイドビジネスとして売り出してもいいくらいに）。そんな中、ここでは休みなく様々なジャンルのお酒に同じ人々が関わり、造られていく。

ここの杜氏である竹中健二さん（２０１５年に退社）は、江井ヶ嶋酒造で造られるお酒全てに関わるすごい人だ。言うなれば醸造酒と蒸留酒のプロの造り手となる。以前、車の整備工をしている友人に聞いた話だが、メーカー一社の車の修理ができるのは当たり前だが、違う複数のメーカーの構造も全て理解して修理できるには、本当に車の仕組みを知らないといけない、と言っていたのをちょっと思い出した。きっとすごい実力を持っている人だと思うのだが、話してみると意外なほどにお人好しで優しい声の響き方をする人だった。

「原酒がしっかりしていないと良いものができない」

竹中さんの口調は穏やかだが、なかなかどうして言葉は重い。そして、樽はメイク（化粧）と考えている。言うなれば、素材が良くないとメイクしても活きないという哲学を持っている。蒸溜所がいくつかある中、つくり手は皆それぞれの哲学がある。理屈で言うなら、材料である麦芽の種類に、熟成に使用する樽の選定、仕込みに大切な水の質や、酵母の選択、蒸溜の方法、熟成庫での樽の寝かせ方など、一つ一つの特徴の変化で風味、味わいに大きな影響を及ぼす。そんな中、竹中さんは原酒について特に細心の注意を払うようにしている。もちろん、他の事にも当然手は抜かない（ちなみに社訓は〝誠実〟とあるように、この人は真面目を絵に描いたような人柄だが）。しかし、この考えはもしかしたら日本酒も造る立場にいる〝杜氏〟ならではの想いから生まれる独自の哲学があるのかもしれないと竹中さんは言う。この人は、「酵母の声が聞こえてくるんですよ、発酵槽から」と言う。確かに普通には酵母は話さないのは当然だし、ある意味、声が聞こえたらおかしい人だと思われることだろう。だが、色んなお酒の造り方から学んだ独自の感覚が、そう竹中さんにモロミの状態を伝えてくるのだそうだ。単なる感覚的な話だが、ここまで行き着くには時間と経験が、大切な信仰のように積み重ねることが必要となる。

土地の空気も大切だとも言う。それも、毎日の儀式であって大切なことだと。その繰り返される呼吸がその樽のゆりかごの中で時間を練り込んでいく。まだこのホワイトオーク蒸留所では、メインの販売は、若い原酒を使用してのブレンデットとシングルモルトの二種類の地ウイスキー〝あかし〟だ。しかもシングルモルトへの試みは2007年からとごく最近の試みだ。だが、竹中さんの言葉の中には、これから未来に出会うであろう熟成された原酒も想像されているようである。それは、

酵母の声
発酵槽の中では酵母は糖分を得てそこから主にアルコールと炭酸ガスを作り出す（また様々な香味成分なども生みだしている）。その時、炭酸ガスがポコポコと出てくる音を聞いて状態を確認することがあるという。

実に楽しみな気持ちになる。

地ウイスキーと銘打つ〝あかし〟は実に素直な味わいだと思う。クセも少なくクリーンでマイルド。まだ年数の若さゆえにキレがいいが、やはりつくり手のクセがでるのかもしれない。とにかく優しい。ただ、フィニッシュに独特の甘みがあるのがこの地ウイスキー〝あかし〟のキャラクター性に繋がっているようだ。だが、不思議なことにこの海沿いである蒸溜所でつくられるであろうある個性がない。こういった時、ウイスキー愛好家はちょっとした期待をする。「独特の潮風の風味がするのではないか」と。シングルモルトを愛してやまない人なら、きっと一度は虜になってしまうくらいの魅力を放つアイラモルトは、スモーキーでピーティーな味わいが特徴の通好みのウイスキーだ（たまにアイラモルトでも例外的にスムースなものもあるが）。海草の匂いがするから髪質にいいのではないかとの噂もあるが、残念ながら海藻は入っていないし海水も使用していないのが現実である。これは材料に使用する大麦の仕込みが大きなキーワードとなってくる。アルコールを製造する上でいきなり大麦をエタノール化はできないので、糖化という工程がどうしても必要不可欠になる。ここでのキーワードは、〝麦芽〟だ。方法は至ってシンプルで、種子中のデンプン質は発芽することにより麦芽糖が生成される、という化学反応を利用するのである。その時に大麦が発芽しきってしまうと糖質という栄養が摂取されてしまうのでどうしても途中で発育をストップさせなくてはならなくなる。そこで、ウイスキー製造ではストップさせる方法として、燻して乾燥させるのだが、この作業が独特の香味成分を作ることに繋がっていくのである。その時、乾燥させる為に使用する燃料が炭やガス、たまに重油なども聞くことがあるが、やはりモルトウイスキーではピートが最もウイスキー愛好家を喜ばせるものとなるだろう。ピートと言うのは、主に木や野草や水生植物などが炭化した泥炭（炭化のあまりすすんでいない石炭みたいなもの）のことを指し、これをスコットランドでは薪の代わりに乾燥させて燃料に使用していたものだ。ピートはその土地の物が堆積して時間をかけてできていくもので、それぞれにその土地の匂いがすると言われている。アイラ産のウイスキーには当然の如く、その地のアロマがピートと一緒に付くからあの香りに繋がっていくものと考えられている。

現在、ホワイトオーク蒸留所は製麦を業者に委託して届けられるようになっており、それには様々なレシピが存在するようだ。それこそ、コーヒー豆の焙煎の様にロースト加減も調整可能なので、注文すればありえないほどに強烈に感じられるピーティーなモルトもできるだろうと思われる。だが、〝あかし〟に求められるものは、

原料となる麦芽

淡麗で飲みやすい原酒だろうと竹中さんは考える。ちょうど届いたばかりの製麦があったので試食してみたが、ちょっと香ばしい香りがして、噛むと麦独特の甘みが口いっぱいに広がり、とても美味だった。これを摘まみにウイスキーを頂いたらさぞかしマッチするだろうなと当たり前のことを考えながら……（だが、ウイスキーには飾り気のない凝縮したものがマリアージュとしてよく合うので、こういったシンプルなモノほどいいものだ）。

ピーティーな原酒には挑戦はしないのですかと尋ねると（竹中さんはひどく挑戦したそうなことを言っていたが）、「今の段階では相当に難しいと思います。理由としては、生産量に余裕が無いのと使用した後の清掃時間もあまりないですから。あと、ここの水とこの土地の風土に合うかも検討しないといけませんね」と言っていた。

でも、個人的には、いつかそのチャレンジした原酒ができたら飲みたいなとついつい期待してしまうのが無責任な人情だ。

次は熟成庫に赴いてみた。目的地に行く途中、程よく時間経過した建物が立ち並ぶ中にスペントウォッシュを処理する施設が設置してあった。色々な蒸溜所を見学すると、表舞台である煌びやかなポットスチルと静寂を守る熟成庫がとにかく目立つが、製造工程で必ず排出されるスペントウォッシュ（大麦の搾りかすみたいなもの）の処理も、大切な作業の一つなのにも関わらず見落としがちになるものだ。地味な作業だが、廃液処理は片付けや掃除がちゃんとしているバーのように正当な蒸溜所の様に感じてしまう。大体が家畜の飼料や肥料になるが、ホワイトオーク蒸留所は乾燥させて肥料にすることが多いらしい。ウイスキーづくりは無駄がないと思う瞬間だ。

ここの熟成庫はまるでプレハブの倉庫の様でちょっと味気ない雰囲気を漂わせていた。中に入ると床はコンクリートで敷き詰められており、半分が設置してある棚に収められた〝ラック式〟で、残りは床に接ぎ木など（ここは鉄の棒でレール状になっていた）を敷いて置いておく〝ダンネージ式〟の様にして木樽はその空間に保管してあった。ラックの方はバレルほどの大きさの樽が目立ち、ダンネージにはホグスヘッドくらいのサイズの樽が小学校の朝礼の様に整然と規則正しく並んでいる。

以前、年間を通じて温暖な気候であるこの地域ではエンジェルズ・シェアが最大8％近くまであったのだが、最近は改良をして標準的な数字の1・5～3％以下まで抑えられるようになったという。しかし、２００７年から続いているシングルモ

バレル
容量１８０リットル前後の樽（国により大きさの単位が若干異なる）。最大径65センチメートル、長さ86センチメートルほど。

ホグスヘッド
容量２３０リットル前後の樽。最大径72センチメートル、長さ82センチメートルほど。もともと豚の頭という意味だが、豚一頭分の大きさ、重さであることからこの名が付いた。

樽熟成庫

とあるテキーラの空き樽

ルト〝あかし〟の定期的供給をするのに、昨今のジャパニーズウイスキーの流行に対応できるか、些か不安に感じるくらいのストック量だ。すると竹中さんは「今後、熟成した原酒も置いていきたいですね。今年はウイスキーづくりには力を入れたいですしね。また当社はワインもつくっているからワインの空き樽も使用して原酒を熟成させているものもあります」。よく見るとコニャックカスクやシェリーのタイプもあるが、見慣れないタイプのカスク（樽）もある。聞くと、「テキーラの空き樽ですよ。馴染みの酒屋さんから来ました」と珍しいものも置いてあった。様々な樽を使用しての熟成はどんな結果を迎えるか分からないが、是非とも期待したいものだ。

〝江井ヶ嶋酒造〟という酒蔵が営むウイスキーづくりとは一体何なんだろうか。実は、こういった業態で地ウイスキーを販売している所は探せばけっこうあるものだ。それが酒蔵か、焼酎メーカーの会社という業態はさておいて。大手メーカーを入れて考えてもウイスキーのみで成り立たせている所は今のところ、日本には一か所を除いて存在しないのが実状である。それだけ日本で行うウイスキーづくりには高いリスクが付いてくるということを表しているように思われる。一時は地ウイスキーが色々な所でつくられて、いつの間にか無くなっていった。１９６１年に、アメリカで日本のウイスキーが〝ジャパニーズウイスキー〟の登録承認を得てから実に50年以上経ち、今や世界から注目されるものとなった。始まりはスコッチウイスキーから学び、それから日本人の嗜好を考慮して独特のアロマと味わいを研磨していたこの日本のウイスキーはすでに独特の文化を構築していくようになった。

特にこの地ウイスキーと呼ばれるタイプは、地元に密着して存在するものもあったろうが、大体が忘却の彼方に消えることが多い気がする。そもそもお酒は不易流行のものであるはずなのに、時代を追うごとに流行色が濃くなり異常に俗っぽい形に変化している気がするのは気のせいだろうか。だが、このホワイトオーク蒸留所のつくる地ウイスキーは、どこをとっても泥臭い部分が見える感じがする。何とか明日を生きようとする人を労う味わいが余韻に残る、とても人間味のあるウイスキーだ。戦前からどんな形であろうとも販売し続けた歴史には、想像を絶する想いがあったろうし、苦労もあったと思われる。買い手が一人でもいるなら、という理由で販売を続けたのは立派だが、そこには経営としての売上への数字が上がる要素はもしかしたら少ないかもしれない。ウイスキー大手メーカーの奮闘ぶりは、これまでの日本の洋酒文化を牽引してきた喜怒哀楽が一つのドラマとして話されているが、こういった小規模の蒸溜所もそれなりのストーリーがあるだろう。しかしあまりに地味なのか、あまり知られることがないのが現実だ。やっと最近になり、日本のウイスキーも注目されるようになっても、いきなりの増産は思いのほかできないのがこのお酒の特徴でもある。熟成をした原酒を確保していこうと動き出しても、あと最低でも3年以上の歳月が必要なのだ。そこが良さでもあるので仕方がないのだが。

できればその土地に行ったときは、ちょっと思い出してその地ウイスキーを飲んでみてほしい。僕は大体ウイスキーはニートで飲む。できればロックグラスに氷無しで頂きたい。それは、たまたまそういう飲み方が個人的に好きなだけで、皆それぞれの飲み方があっていいはずだ。サマータイムのナンバーはソニークリスのむせび泣くようなアルトサックスが一番好きだし、バードランドの子守歌はサラ・ヴォーンの声の方が好みなのは、もう自分で選択してきたこだわりであり、御託でもある生き方なのだ。しかし、その地で生まれたものを、その場所で味わうことは最高の

ソニークリス
ビバップの時代での独特の哀愁を感じさせるサックス奏者。

バードランドの子守歌
1952年、盲目のジャズ・ピアニスト、ジョージ・シアリングが作曲したスタンダードナンバー。バードランドは、ニューヨーク市マンハッタンにあった往年の名ジャズクラブでここにちなんだ楽曲。

贅沢に他ならないと思う。それを受け入れて自分の好きな形にして取り込んでしまう。僕はホワイトオーク蒸留所を訪れたその日、坂を下ったすぐの所にある海岸に行ってみた。もちろん蒸留所で記念に購入したウイスキー〝あかし〟を持って。その海岸は何故か南国風にデコレーションされていて、いささか播磨灘の海には不似合いな雰囲気だった。沖合には、海苔の養殖で忙しなく子犬の様に動き回るボートのエンジン音だけが響いている。僕は潮風を摘まみにウイスキーの蓋を開けてみて、ちょっとだけ口に含んでみた。ここの熟成庫もこの潮風を吸っているのだろうと考えると何故かとても贅沢な飲み方をしている気がしてくる。この受け入れ方は何のしがらみもなく、それなりにいいものだった。

僕はその地でつくられる意義を、実はよく分かっていないような気がする。だが飲んでみると伝わる気がしてくるのは何故だろう。ある意味、理屈っぽいが理解するまで時間のかかる理屈だな。

きっとこの〝あかし〟のロゴの入ったボトルを見ると、いつでもこの海と吹きさらしの潮風を思い出すのだろう。

サラ・ヴォーン
広い音域を持つ声域の持ち主で、ビリー・ホリデイ、エラ・フィッツジェラルドと並ぶ、女性ジャズ・ヴォーカリスト御三家の一人と誉れ高い。

―― 江井ヶ嶋酒造　ホワイトオーク蒸留所　ボトル紹介 ――

生産量が少ないので、リリース数は限られているがどれもオリジナリティーに富んでおり、とてもユニークなボトルが多い。その一部を紹介。

(掲載されている限定ボトルはすでに販売されておりません。ご了承下さい)

●Eigashima　紅葉5年　forガイヤフロー

限定90本（2008～2013年瓶詰）度数58%　カスクタイプ：バーボンカスク　◎輸入業者ガイアフローとのコラボレーションボトル。ラベルに百人一首の“来ぬ人を　まつほの浦の　夕なぎに　焼くや藻塩(もしほ)の　身もこがれつつ”と記載してあるのところに趣がある。

●Eigashima　桐　5年
白ワインカスクフィニッシュ　forガイヤフロー

限定360本（2009～2014年瓶詰）度数58%　カスクタイプ：ヨーロピアンオーク3年熟成のち白ワイン樽にて2年熟成　◎貴腐ワインのような甘く爽やかな香り。滑らかな口当たりと甘みを感じられ、和菓子のような日本らしい甘み。余韻もおだやかで、甘みが口蓋に柔らかく残る、上品な味わいに仕上がっている。

●Eigashima　桜　赤ワインカスクフィニッシュ
forガイヤフロー

限定400本（2010～2015年瓶詰）度数58%　カスクタイプ：焼酎樽＋ホグスヘッドにて3年熟成のちカベルネフランカスクで一年半熟成　◎甘さ控えめで程よいタンニンを楽しめる一本。

●シングルモルト　あかし5年　シェリーバット
限定1,000本　度数50%　カスクタイプ：ヴァージンカスクにて熟成後、オロロソシェリーカスクにてカスクフィニッシュ　◎あまり多くはないが、ごく稀にシングルモルトにて限定ボトルを販売する。

●SAKE SHOP SATO　オリジナルラベルあかし
限定90本（2008～2013年瓶詰）度数58%　カスクタイプ：バーボンカスク　◎大阪の有名酒販店SAKE SHOP SATOのプライベートボトル。中身は紅葉と一緒のものを使用。

●THE bar's（ザ・バーズ）　梅酒屋限定
熟成年数：3～4年　◎中身はあかしのウイスキーから作った梅酒。"Barで飲める梅酒"をコンセプトに生まれた。通常版（25%）とプレミアム版"オリジン"（35%）は、熟成感と度数の違いで異なるファンをうならせる。

あとがき

よく、仕事が終わった後にお酒を飲む。それはビールの時もあるし、ワインだって嗜むこともたまにはある。だが僕は、大体はウイスキーをロックグラスに酌んで氷を入れずにストレートで頂く。そのアロマを、鼻腔一杯に味わってから唇を濡らすように、ゆっくりと飲む。この行為は、おそらく何度も規則正しく繰り返されているだろうが、これがまた堪らなく美味いのだ。最近はもっぱら僕とウイスキーの間の空間をジャズが埋めてくれる。しかも澤野工房こと澤野由明さんのセレクトするクリアーな音質のジャズは、さらにウイスキーを美味くする効果があるようで、ちょっと飲み過ぎて困ってしまう時があるくらいだ。

この澤野さんのジャズレーベルもこだわりと信念があるインディーズジャズ・ブランドだ。元々は、大阪・新世界の商店街にある老舗の履物屋の店主である。そこに訪れてみると、店頭にはスリッパや草履が所狭しに並んでおり、とても〝ジャズ〟という文化には無縁に思える雰囲気を醸し出している。だがこの因果関係もまったく感じないこの店舗の中で微妙な歯車を噛み合わせながら共存をして、その筋の愛好家には圧倒的な人気を誇るジャズレーベルも扱っているのだ。僕は今でもそんなにジャズのことはよく知らないが、澤野さんの「聴き心地がよければいい」とシンプルにモダンジャズを伝えてくれる姿勢はすごく好きだ。セレクトするアルバムには、スケールの違いこそあるかもしれないが、確かなストーリーが存在しているのを耳から伝わって心に響いてくるものがある。そこには押しつけないジャズへの〝想い〟があり、血の通った温かみが伝わってきそうな印象さえ与えてくれながら。また、ＣＤのジャケットには澤野さん達が丁寧に、「hand made JAZZ 澤野工房」と一枚一枚シールを貼っているところも何となくいいもので、〝ちゃんと手を込めて作っているぞ〟という気持ちが伝わってきそうだ。

きっと僕はモノ造りの現場が、好きなのだろうと思う。それは、蒸溜所だろうとワイナリーであってもジャズレーベルでも下駄だろうと形は違っても、興味深いものが共通してそこには存在する。僕は今でもカウンターに座り、そこのウイスキーを頂くと、不思議とその土地の情景を思い出すことができるのは、きっとその酒がただ美味しいだけではない、目に見えない魅力がそのボトルに詰まっているからだろうと思っている。蒸溜所の真横を流れる川の音や熟成庫の静寂さ、そこでしか味わえない空気感がこの原酒を構成しているんだと、こんな離れた場所でも伝わってきて好奇心を掻き立てられるのを抑えながら。そのウイスキーは静かに語るがその圧倒的な存在感は、僕の心の中で刻印の様に深く刻まれ、生きた記憶となるようだ。この感情はその現場に赴き、見聞して初めて生まれるものではないかと、そのモノを造っている人に出会い、その空気を吸って改めて知りえることだろうと思う。その完成したものの背景を少しでも知ることで、そこから物語が生まれるように。この瞬間に自己の中で、生きたモノ造りがじわりと染み込んでくるのを僕は抵抗なく受け入れているのを感じながら。

今回取材させていただいた蒸溜所は、三者三様に見事なほど個性が確立されたものだったと言っても過言ではないだろう。スコットランドのシングルモルトウイスキーは地域や蒸溜所によってキャラクター性が明快に伝わりやすいと思うことがあるが、日本でつくるウイスキーも一つの真っ直ぐな主張がしっかりしていると改めて感じたのが、正直な感想である。作中でも絵画の技法でイチローズモルトを日本の浮世絵で例えたが他の蒸溜所もそれぞれにまったく性質の違うもので感じたものだ。例えばマルスは油彩だが点描画の様で、近くで見ると不思議な感触を覚えるが、ある距離から味わうとまとまった素晴らしい景観を楽しませてくれるように思える。ホワイトオーク蒸留所などは優しいパステル調の水彩画。ウイスキーを販売している歴史は長いが、シングルモルトへのアプローチはごく最近なので今後どのようになるかが未知数な所である。原酒は透明感もあり、ウェット・イン・ウェット（ぼかし）で作り上げる色彩が今後どのように重ね塗りされるか個人的にすごく楽しみである。お酒というジャンルでまとめたら同じジャパニーズウイスキーだが、中身はまったく違う性質のものだと皆様に伝わってくれたら、それはきっとすごい素敵なことになるだろうと思う。

ウイスキーという存在は何かムラがあるように思えるところが個人的にはとても魅力を感じる部分だ。しかし、この良さは現代社会には、もしかしたら馴染まないところがあるかもしれないと思われる。その点では、今後のウイスキーカルチャーはもしかしたら次の熟成に変化しているようにも考えられるだろう。とりあえずは〝バー〟という、文化の橋渡しをする現場での僕らバーテンダーの立ち位置も、マクロとミクロでの視点をバランス良く、世界観を豊かに広げなくてはと、改めて思案させられるところだ。

また、ここに記載させていただいたボトルコレクションの大部分は残念ながら既に入手困難なものばかりになってしまっているようだ。今回は、知人の方々の協力を得てやっと撮影・記録ができたものばかりだが、今後こんなに希少で素晴らしいボトルの数々を拝めることは滅多にないんじゃないかと思う。また忙しい中、取材に協力してくださった蒸溜所スタッフ並びに酒販店の方々には多大なるご迷惑をお掛けしながらのレポート作りとなってしまったことをこの場を借りて感謝の言葉を伝えたい。〝本当に皆様、笑顔で対応してくださり、誠にありがとうございました。また、いつかつくり手の情熱に再び会いに行きたいと願っています〟

そして、初めての本作りでたどたどしい文章の中、最後まで読んでいただいたあなたにも何かしらのことが伝わって、この〝地ウイスキー〟の香りを感じて飲んでみたいなと思っていただけたら、僕はすごく嬉しいです。

今回ご協力を頂いた酒販店及びバーの紹介

本書に掲載させていただいた各限定ボトルは既に販売終了となっております。限定ボトルについて、下記の蒸溜所並びに酒販店へお問い合わせ頂いてもお答えできない場合がございます。また、ボトルに対しての写真及びコメントなどはあくまで個人の方々にお尋ねをして調べたものですので、各蒸溜所からの監修は一切受けておりません。ご了承下さい。

■蒸溜所

秩父蒸溜所
〒368-0067 埼玉県秩父市みどりが丘49
(見学は業務店及び関係者のみです。ご了承下さい)

本坊酒造　マルス蒸留所
〒399-4301 長野県上伊那郡宮田村4752番31
(見学をされる場合は事前にお問い合わせをする方がベターです)

江井ヶ嶋酒造　ホワイトオーク蒸留所
〒674-0065 兵庫県明石市大久保町西島919番地
(基本的には見学不可です。ご了承下さい)

■酒販店

信濃屋
〒155-0033 世田谷区代田1-34-13
tel 03-3412-2448

寺島酒店
〒116-0011　東京都荒川区西尾久6-30-7
tel 03-3893-4082

SAKE SHOP SATO
〒561-0883 大阪府豊中市岡町南3-5-10
tel 06-6855-1903

(株)かわもく
〒572-0082 大阪府寝屋川市香里本通町10番18号
tel 072-831-0023

梅酒屋　(有)上田
〒534-0021 大阪府大阪市都島区都島本通1-16-1
tel 06-6925-8240

洋酒専門店　TSUZAKI
〒878-0201 大分県竹田市久住町久住6164番地6
tel 0974-76-0027

酒のキンコー洋酒店
〒890-0033 鹿児島県鹿児島市西別府町 2941-26
tel 0120-365-831

■ 輸入元

ガイアフロー株式会社
〒424-0862 静岡県静岡市清水区船越東町263
tel 054-355-2355

■ Bar

BAR BARNS(バー・バーンズ)
〒460-0008 愛知県名古屋市中区栄2-3-32
アマノビルB1　tel 052-203-1114

Bar finch(バー・フィンチ)
〒460-0003 愛知県名古屋市中区錦3-9-14
日東錦ビル6F　tel 052-961-9650

Bar 本郷家さん
〒465-0025愛知県名古屋市名東区上社2-220
ダイアパレス上社第31F　tel 052-772-3975

Bar　Te・Airigh(チェアリー)
〒368-0046埼玉県秩父市宮側町8-4
第一石田ビル1F　tel 0494-24-8833

CAMPBELLTOUN LOCH
(キャンベルタウン・ロッホ)
〒100-0006東京都千代田区有楽町1-6-8
松井ビルB1F　tel 03-3501-5305

Bar kitchen(バー・キッチン)
〒810-0073福岡県福岡市中央区舞鶴1-8-26
グランパーク天神1F　tel 092-791-5189

Bar Higuchi(バー・ヒグチ)
〒810-0801福岡県福岡市博多区中洲3-4-6
多門ビル'83 1F　tel 092-271-6070

■その他

(有)澤野工房 hand made Jazz
〒556-0002大阪市浪速区恵美須東1丁目21-16
tel 06-6641-5015
(店舗では履物も販売してますが、CDもちゃんと購入できます)

天野 正一

ウイスキーエキスパートやラム・コンシェルジュ、テキーラ・マエストロといった蒸留酒類に関するアドバイザーの資格を取得し、ウイスキーなどを通じて現場では文化の橋渡しに励んでいる。
2001年にBar Waiter Waiterを開業。2006年から現在の場所にて営業中。

Bar Waiter Waiter（バー ウェイター・ウェイター）
ADDRESS　〒460-0024 名古屋市中区千代田5-19-15第2三恵ハイツ1F
TEL　052-259-0507　　WEB　http://www.waiter.jp/

この本の内容は、2015年の取材に基づいています。
お問い合わせは上記まで。

WHISKY AND SIXPENCE
THREE JAPANESE DISTILLERY STORY

2016年6月17日　初版発行

著者／写真　天野 正一
定　　価　本体価格 1,600円+税
発 行 所　株式会社　三恵社
〒462-0056 愛知県名古屋市北区中丸町2-24-1
TEL 052-915-5211　FAX 052-915-5019
URL http://www.sankeisha.com

ISBN 978-4-86487-522-6 C0077 ¥1600E